特种养殖致富快车

U0203681

图说水蛭高产高效养殖关键技术

李典友　高本刚　编著

河南科学技术出版社
·郑州·

图书在版编目（CIP）数据

图说水蛭高产高效养殖关键技术/李典友，高本刚编著.—郑州：河南科学技术出版社，2019.1

（特种养殖致富快车）

ISBN 978-7-5349-9450-0

Ⅰ.①图… Ⅱ.①李…②高… Ⅲ.①水蛭—饲养管理—图解 Ⅳ.①S865.9-64

中国版本图书馆CIP数据核字(2018)第300402号

出版发行：河南科学技术出版社

地址：郑州市金水东路39号　　邮编：450016

电话：（0371）65737028　65788613

网址：www.hnstp.cn

策划编辑：陈淑芹　杨秀芳　编辑信箱：hnstpnys@126.com

责任编辑：杨秀芳

责任校对：朱　超　丁秀荣

装帧设计：张德琛　杨红科

责任印制：张艳芳

印　　刷：河南文华印务有限公司

经　　销：全国新华书店

开　　本：890 mm×1240 mm　印张：5　字数：110千字

版　　次：2019年1月第1版　2019年1月第1次印刷

定　　价：23.00元

前 言

　　水蛭为我国传统名贵药用动物，《本草纲目》等医学典著中记载：水蛭对中风、高血压有很好的疗效，水蛭唾液腺中含特有的水蛭素，是防治癌症的特效药物。水蛭药用广泛，干品价格稳步上升，2014 年已涨至每千克 850～950 元，纯干清水水蛭价格更高，达每千克 1 000 元。据有关资料统计，目前市场上水蛭产量还达不到国内外市场需求的一半，货源紧缺。由于化肥、农药的广泛使用，水蛭食物链遭到严重破坏；加之近年来人为对水蛭的毁灭性捕捞，野生资源日益减少，导致医用货源奇缺，经常有价无货，因此发展人工养殖水蛭势在必行，我国科技工作者经潜心研究，人工饲养水蛭已经获得成功。

　　在我国黄河及长江中下游水域条件充足的广大地区，只要掌握水蛭养殖技术，均可养殖；目前虽养殖户发展规模还不大，但效益十分可观。水温一般在 15~30℃时水蛭生长良好，10℃以下停止摄食生长，35℃以上影响生长。水蛭雌雄同体、异体受精，每条种蛭都可繁殖，4 月中旬至 5 月为产卵高峰期，一次产卵茧 2~4 个，经 15~25 天孵化，每个卵茧可孵出幼蛭 20~40 条，若饲养技术过关，当年即可采收成蛭。如果有 1 亩养殖面积，春天投种 50～60千克，秋收水蛭鲜品 250~500 千克，年产值在 3 万元以上，扣除设施、饵料等投入，纯利润在 2 万元左右。

　　人工养殖水蛭具有劳动强度小，饲养管理粗放、简单，饲料成本低，见效快等特点。水蛭生命力强，繁殖快，易养易管理，养殖规模可大可小，可充分利用闲置的土地，让地生钱。药用水蛭的养殖是当前收益高，风险小，一次投入，多年养殖，春天引种，秋天收获，当年投资，当年见效且长期有收益的高效养殖项目，无销售之忧，的确是广大朋友的一条致富之路。

　　编者在安徽六安水蛭养殖实践调查基础上，结合参考资料整理编著成本书，书中总结了目前不同地区切实可行的水蛭养殖新模式。力图使水蛭的养殖管理更科学规范便捷，使有"蛭"之士更快、更好地走上"蛭"富之路，与水蛭养殖者共谋发展，使水蛭养殖逐步形成产业化，这不仅是当今中医学发展的需要，同时也是发展特色经济的一条重要途径。

编著者

2018 年 11 月于皖西学院大别山发展研究院

目录

第一部分　水蛭的药用价值与人工养殖发展前景

一、 水蛭的药用价值

水蛭，中药名俗称蚂蟥，别名至掌、马蜞、马蛭等。水蛭为软体动物门、蛭纲、颚蛭目、蛭科动物。我国水蛭种类多，具有医药价值的种类主要有金线蛭和柳叶蛭。水蛭常栖息于水田、沟渠中，吸取人、畜血液。夏、秋季捕捉，用沸水烫死，晒干或低温干燥。以水蛭干燥全体入药。水蛭分布范围很广，我国大部分地区均有出产。

1500年前，埃及人首创医蛭放血疗法，到20世纪初，欧洲人更迷信医蛭能吮去人体内的病血，不论头痛脑热概用医蛭进行吮血治疗。

我国是水蛭利用最早的国家，在《神农本草经》及《本草纲目》中均有记载。中医认为水蛭性味苦咸，有小毒，入肝、膀胱二经，具有破瘀消肿、散经通经、消胀除积、逐出恶血、消炎等解毒功效。水蛭的唾液中含有水蛭素，是一种抗血凝物质，还能缓解动物的痉挛，降低血压。另外，水蛭还含有抗血栓素、肝素等。水蛭在临床上多用于妇女经闭、破血逐瘀症、肿瘤、腹痛、跌打扭伤、高血压、心肌梗死、急性血栓静脉炎、多发性脑血栓等病症，疗效显著。我国民间还用活水蛭吸取手术后的瘀血或伤口脓血，使血管畅通。日本常从我国进口水蛭用以吸取脓血。水蛭在断肢再植或器官移植过程中也能起到较大的作用，可大大提高手术成功率。近年来，研究人员还将水蛭配以其他活血解毒药物，试用于肿瘤的治疗。

1.水蛭的主要功效与作用

（1）抗血凝作用。水蛭素有防止血液凝固的作用，因此可抗血栓形成。

（2）溶栓作用。水蛭素有抗血小板聚集和溶解凝血酶所致的血栓的作用。水蛭素是甲醇提取物，在体外和体内均有活化纤溶系统的作用；水蛭的唾液腺分泌物给大鼠静脉注射后有较强的溶栓作用。

（3）抗血小板作用。水蛭素能抑制凝血酶与血小板结合，促进凝血酶与血小板解离，抑制血小板受凝血酶刺激的释放和由凝血酶诱导的反应。

（4）对血液流变学的影响。给动物灌服水蛭提取物0.45克／千克，可使其血液黏度降低，红细胞电泳时间缩短。用水蛭煎剂灌胃，也能使血液流变异常，大鼠的全血比黏度、血浆比黏度、血细胞比容及纤维蛋白原含量降低。

（5）降血脂作用。对食饵性高脂血症家兔，每日灌服水蛭粉1克／只，无论是预防还是治疗用药，均能使血中胆固醇和甘油三酯含量降低，同时使主动脉与冠状动脉病变较对照组轻，斑块消退明显，可见胶原纤维增生，胆固醇结晶减少。

（6）对心血管功能影响。用水蛭素30克／千克腹腔注射，能明显增加小鼠心肌摄取86Rb（铷，比钾更活泼）的能力，表明有增加心肌营养血流量的作用。

（7）终止妊娠作用。宽体金线蛭对小鼠早、中、晚期妊娠均有终止作用。用水蛭煎剂2.5～3克／千克，于妊娠第1、第6或第10周，皮下注射上述剂量2次，对小鼠有极显著的终止妊娠作用。

（8）对实验性脑血肿与皮下血肿的影响。水蛭提取液对家兔实验性脑血肿有促进吸收的作用。实验表明，水蛭能促进脑血肿及皮下血肿的吸收，减轻周围炎症反应及水肿，缓解颅内压升高，改善局部血流循环，保护脑组织免遭坏死及促进神经功能的恢复。

（9）对实验性肾损害的影响。用30%水蛭液15毫升／千克，灌胃2次，对肌内注射甘油所致大鼠初发急性肾小管坏死有明显防治作用，使血尿素氮、血肌酐值的升高明显低于对照组，肾组织形态学改变明显改善。其作用机制可能与改善血液流变学和高凝状态，从而改善肾血液循环有关。

（10）其他作用。水蛭对蜕膜瘤也有抑制作用。低浓度水蛭液对家兔离体子宫有明显收缩作用。水蛭素尚能抑制凝血酶诱导的成纤维细胞增殖及凝血酶对内皮细胞的刺激作用。

2.水蛭的入药　水蛭可破血通经，逐瘀消症。常用于治疗血瘀经闭、癥瘕痞块、中风偏瘫、跌打损伤。主要方剂：

（1）治妇人经水不利下，亦治男子膀胱满急且瘀血者：水蛭30个（熬），虻虫30个（去翅、足，熬），桃仁20个（去皮、尖），大黄三两（酒浸）。上四味研为末，以水5升，煮取3升，去渣，温服1升（《金匮要略》抵当汤）。

（2）妇人腹内有瘀血，月水不利，或断或来，心腹满急：桃仁三两（汤浸，去皮、尖、双仁，麸炒微黄），虻虫40个（炒微黄，去翅、足），水蛭40个（炒微黄），川大黄三两（锉碎微炒）。上药捣为末，炼蜜和捣百余杵，丸如梧桐子大。每服，空心以热酒下15丸（《太平圣惠方》桃仁丸）。

（3）治月经不行，或产后恶露，脐腹作痛：熟地黄四两，虻虫（去头、翅、炒）、水蛭（糯米同炒黄，去糯米）、桃仁（去皮、尖）各50个。上研为末，蜜丸，桐子大。每服5~7丸，空心温酒下（《妇人良方》地黄通经丸）。

（4）治漏下，去血不止：水蛭治下筛，酒服一钱许，日二，恶血消即愈（《千金要方》）。

（5）治折伤：水蛭，新瓦上焙干，研为细末，热酒调下一钱，食顷，痛可，更一服，痛止。便将折骨药敷上封好，以物夹定之（《经验方》）。

（6）治金疮，跌打损伤及从高坠下、木石所压，内损瘀血，心腹疼痛，大小便不通，气绝欲死：红蛭半两（用石灰慢火炒，令焦黄色），大黄二两，黑牵牛二两。上各研为细末，每服三钱，用热酒调下，如人行四五里，再用热酒调牵牛末二钱，催之，须脏腑转下恶血，成块或成片恶血尽，即愈（《严氏济生方》夺命散）。

二、 水蛭人工养殖发展前景

过去大多数药用水蛭都是从野外水域中采集而来的。但是近些年来由于农业上大量使用化肥、农药，水蛭赖以生存的水域环境和水质受到污染，致使野生水蛭的种群数量锐减；同时，随着水蛭在医药领域应用范围不断扩大，水蛭的市场需求逐年增加，除了国内市场每年约5 000吨的需求外，还要出口创汇，各地库存供应乏力，供需缺口达50%以上。这些因素是导致水蛭价格连年大涨的主要原因。因此，发展水蛭人工养殖势在必行。

一项对全国17家中药材专业市场的调查显示，从2000年起，水蛭每千克价格连年大涨，2002年150元、2003年160元、2004年170元、2005年180元、2006年190元、2007年200元、2008年230元，2009~2011年，水蛭价格连续暴涨，2009年涨至380元，2010年再次暴涨至740元，2011年暴涨至800~820元。

1.水蛭的养殖成本估算 以5亩养殖面积来计算，租赁土地资金0.3万~0.4万元；基地开挖0.4万元；防逃网0.25万元；大部分饵料可以自己养殖，但初期需要购买，费用大约0.3万元；施用农家肥0.05万元；种蛭250千克约8万元；管理费用1.2万元；消毒费用0.02万元；水电费0.15万元。总计投资10万余元。

当然，投资大小也就决定养殖规模的大小，其养殖效益不是看场地大小，而是由1亩地所投放的水蛭种苗来确定的，只有种蛭繁殖了，幼苗长大了，才可以增重、增收。

2.水蛭的养殖利润估算 水蛭是雌雄同体，异体受精，所有种蛭均可繁殖，一般种蛭年繁殖3~4次，每次产2~3个卵茧，平均年产卵茧

4个，每个水蛭卵茧可孵出幼蛭20条以上。由于天敌、个体强弱、环境等因素影响，幼蛭成活率在90%以上，则每条种蛭年可繁殖商品蛭72条，每千克活体水蛭大约为150条，7千克活体水蛭能制干品1千克，市价每千克400元，则每条种蛭年产值为27元。

如果有1亩地面积可供养殖，投入种蛭5 000条，年产值就有13万元以上，扣除设施、饵料等支出，纯利润在10万元左右，养殖5亩面积的利润高达50万元。采用高密度、集约化生产，50平方米面积范围内投入种蛭1 000条，年产值可达2.5万元以上，扣除种苗、饲料、设施等费用，养殖水蛭可获利润在2万元以上。

第二部分 水蛭的生物学特性

一、 水蛭的形态特征与内部构造

（一）水蛭的形态特征

水蛭背腹扁平，前端较细，体形呈叶片状。身体可随伸缩的程度或取食的多少而变化。多数水蛭的体长在3~6厘米。体表呈黑褐色、暗绿色或棕红色，表面有条纹或斑点，中央一条纵纹较宽，腹面暗灰色。身体分节前端和后端的几个体节演变成吸盘，具有吸附和运动的功能，在水中以肌肉伸缩而做波浪式运动，在水中物体上则以吸盘及身体伸缩前进。前吸盘较小，围在口的周围；后吸盘较大，呈杯状。

水蛭体节数目固定，但常被体表的环纹所掩盖，如日本医蛭（图2-1）。

图2-1 日本医蛭

　　医蛭体长约10厘米，可分出100多个环体，身体的生长是通过环体的延伸而加长的。身体前、后两端的体节改变为吸盘，前吸盘小而后吸盘较大，具环带。医蛭的环带位于9~11体节处。

　　水蛭从外形上看可分为五个区：

　　第一区为头部，由退化的口前叶到前5个体节构成。头区背面有数对眼点，腹面构成吸盘，吸盘中央为口。

　　第二区为环带前区，包括3个体节。

　　第三区为环带区，也包括3个体节，位于第9~11节，环带的腹中线有单个的性器官，其中雄性生殖孔在第9节，雌性生殖孔在第11节。雄性生殖孔和雌性生殖孔之间有1节相隔。在生殖期环带比较明显，否则环带不明显。

　　第四区为体区，包括15个体节，位于第12~26节。体区也叫体中区，占有身体的大部分。

　　第五区为末端区，包括由3个体节构成的肛门区，7个体节组成的后吸盘。肛门开口在后吸盘的前端背面（图2-2）。

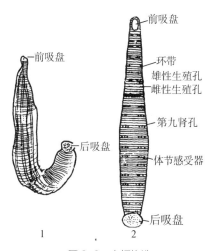

图2-2　水蛭构造
1.外形　2.腹面观（示体节与体环）

　　水蛭的体节界限在外形上很难区分开，有时可从每个体节的第1个体环上的感觉乳突或后肾孔的开口来判断体节，一般是通过发育中神经节及神经支配来区分的。如医蛭体中区每个体节有5个体环，扁蛭中区每个体节只有3个体环。每个体节的体环数目因种类不同而异，即使在身体的不同部位，体环数也不相同。

（二）水蛭的内部构造

　　1.体壁　水蛭的体壁（图2-3）是由表皮细胞及肌肉层组成的。表皮细胞向外分泌一薄层角质层，细胞中含有许多单细胞的腺体并沉入到下面的结缔组织中，形成一层很薄的真皮层，它们的分泌物可以湿润体表。在真皮中还有许多色素细胞，以使体表出现色泽。表皮下为环肌、斜肌、纵肌及背腹肌。蛭的肌肉层发达，纵肌两端直到吸盘。水蛭在水中靠纵肌的波状收缩可向前游泳。身体缩小成管状，中

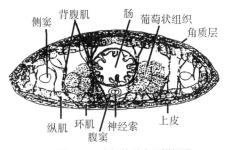

图2-3 水蛭体壁中区横切面

间窦消失，背、腹血管也完全消失，循环作用完全由血窦进行，其中以侧血窦的搏动推动体腔液的流动。

2.呼吸系统 蛭类主要是通过体表进行气体交换的，即皮肤呼吸。其皮肤中有许多毛细血管可与溶解在水中的氧气进行气体交换。离开水时，在潮湿环境中，其表皮腺细胞分泌大量黏液于身体表面，结合空气中游离的氧，再通过扩散作用进入皮肤的血管中。极少数的蛭类是用鳃呼吸的。

3.消化系统 水蛭的消化系统由口、口腔、咽、食道、嗉囊、肠、直肠和肛门等8部分组成。

颚蛭目动物均无吻，在口腔内具3个呈三角形排列的颚，旁边还有细齿，吸血后在寄主皮肤上可留下"Y"形切口。口腔后为肌肉质的咽，咽壁周围有发达的肌肉，以利于抽吸血液。在咽壁周围还有单细胞唾液腺，它可以分泌抗凝血素，也叫水蛭素，注入伤口防止血液凝固。咽后为一个短的食道。对捕食性的蛭类来说，胃是一个简单的直管，吸血的胃变成了有1~11对侧盲囊的嗉囊，其中最后1对侧盲更长（图2-4），直达身体后端。其功能不是消化食物，而是用以贮存吸食的血液。水蛭每次吸血量可达其体重的2~10倍。吸食后的初期，嗉囊中食物的水分被肾排出，留下干的食物。嗉囊之后是肠，肠是食物消化的主要场所。水蛭的消化道中很少有淀粉酶、脂肪酶及肽链内切酶，发现的主要是肽链外切酶。这或许是水蛭吸食血液后消化缓慢的原因。水蛭一般取食后可以数月内不再取食，医蛭甚至可以生存1年半而不取食。肠后为短的直肠，以肛门开口在后吸盘前背面。

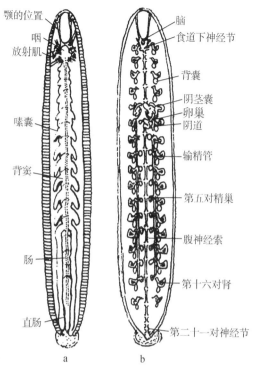

颚的位置
咽
放射肌
嗉囊
背窦
肠
直肠

脑
食道下神经节
背囊
阴茎囊
卵巢
阴道
输精管
第五对精巢
腹神经索
第十六对肾
第二十一对神经节

a   b

图 2-4 医蛭的内部结构
a.外形 b.腹面观（示体节与体环）

4.排泄系统 蛭类的排泄系统亦称为后肾。后肾是由17对肾管构成的，位于身体的中部，每节有1对。由于蛭类真体腔的退化（被次生结缔组织填充），因此体腔减小，隔膜消失，其后肾埋于结缔组织中，所以结构上与多毛类动物略有不同。肾内端为具纤毛的肾口，并伸入体腔管中。肾口后是一个非纤毛的肾囊（图2-5），囊后为肾管，由单细胞依次排列组成。管中还有细胞内管，末端连接到起源于外胚层的肾孔。医蛭在肾孔之前还形成1个膀胱，最后以肾孔开口在身体中区腹面两侧。肾囊的功能是产生具有吞噬能力的变形细胞，或者称吞噬细胞。由体腔液带来的排泄颗粒进入肾囊后，被吞噬细胞所摄取，这些吞噬细胞可将代谢产物送到表皮、肠上皮或葡萄状组织中。肾管中的尿液通过肾孔排出体外。

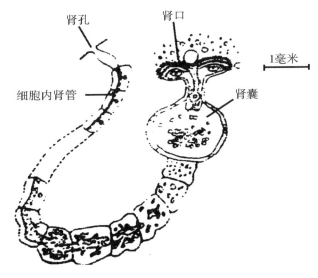

肾孔

肾口

1毫米

细胞内肾管

肾囊

图2-5 水蛭的后肾结构

　　水蛭的排泄系统对维持身体的水分及盐分平衡有重要作用。在干燥环境中，即使表皮分泌大量的黏液也不能有效地控制水分的丧失。如医蛭在相对湿度80%、温度22℃时，经4~5天体内水分减少到20%，再减少就要死亡。一旦放回水里，又可复原。

　　5.神经系统　　水蛭的神经与蚯蚓相似，也是链状的神经系统。脑位于第6体节，是由6个神经节愈合形成，也有1对咽下神经节，躯干部共有21个神经节，其中腹吸盘处的神经节是由7个神经节愈合而成。由躯干部的每个神经节出2对侧神经，前面的1对支配该体节背面部分，后面的1对支配该体节腹面部分。感官包括两种类型：光感受细胞和感觉性细胞群。

　　（1）光感受细胞。光感受细胞集中在身体的前端表面2~10个眼点（图2-6），这些眼点比高等动物眼的结构简单得多，仅由一些特化的表皮细胞、感光细胞、视细胞、色素细胞和视神经组成，视觉能力较弱，主要是感受光线方向和强度。

　　（2）感觉性细胞群。在蛭类的体表中，分布有许多感觉性细胞群，也称感受器。它们由表皮细胞特化而成，其下端与感觉神经末

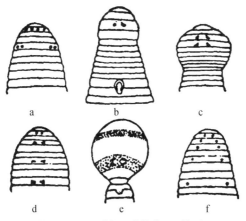

图 2-6　不同水蛭眼点的数目和排列
a.八目石蛭　b.宁静泽蛭　c.缘拟扁蛭
d.整嵌晶蛭　e.橄榄鱼蛭　f.日本医蛭

梢相接触。感受器在头端和每一体节的中环处分布较多。按照功能不同，感受器可分为物理感受器（触觉感受器）和化学感受器两类。物理感受器主要感受水温、压力和水流的方向变化，有些物理感受器具有触觉作用或感觉作用；化学感受器主要感受水中化学物质的变化和对食物的反应。

　　6.生殖系统　水蛭是雌雄同体，雄性部分先成熟，异体受精，卵生。

　　雄性生殖器官有4~11对球形的精巢，从第12或13节开始，按节排列。每个精巢有输精小管通到输精管。输精管纵行于身体的两侧，到第1对精巢的前方，各自膨大或盘曲成为贮精囊，再通到射精管。两侧的射精管在中部会合到1个精管膨腔或称前列腺腔，经雄孔开口于体外（图2-7）。医蛭、金线蛭等的精管膨腔较为复杂，由两部分组成：一是球状的基部；另一是阴茎鞘，其肌肉可以翻转伸到生殖孔外形成一阴茎。

　　卵巢通常有1对，位于精巢之前，也包在卵巢囊中。每个卵巢伸出1条输卵管，2条输卵管会合入阴道，或先合成1根总输卵管，再进入膨大的阴道，经雌孔通往体外。总输卵管外面有的包着单细胞的蛋白腺或卵巢腺。阴道分为受精囊或阴道囊和阴道管两部分。即总输卵管、阴道囊、阴道管、雌孔。

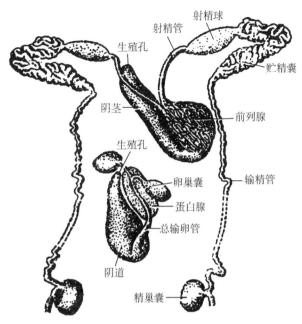

图2-7　水蛭的生殖系统

　　医蛭有1个阴茎。交配时，两条水蛭的腹面紧贴，头部方向通常相反，一条水蛭的阴茎插入另一条水蛭的阴道中。在一般情况下，由于双方的雌雄孔互对，可以同时互相交换精液。但是，也有单方面输送精液给对方的，我们称之为单交配。精子与阴道囊内的卵结合成受精卵。受精过程完成后，水蛭雌性生殖孔附近环带部分的体壁分泌速度加快。形成卵茧环带部（生殖带）的体壁有两类腺体：一类分泌白色泡状物质，形成卵茧的外层；另一类分泌蛋白液，可使产出的受精卵悬浮于其中。在产卵茧过程中，环带的前后端极度收缩，所以卵茧的两端较尖。由于身体沿着纵轴转动，卵茧的内表面很光滑。然后体壁环肌收缩，身体变得细长，在身体和卵茧之间的空隙中产出一些受精卵和蛋白营养液。之后，身体的前部慢慢后移，使卵茧从前端蜕下。医蛭的卵茧多产于潮湿的土壤中，为椭圆形，呈海绵状或蜂窝状。水蛭的受精卵一般在保护良好的卵茧内自然孵化和发育，发育的类型为无变态型，即直接发育，幼蛭从卵茧内爬出，直接进入水中过自由性半寄生生活。

二、 我国人工养殖主要水蛭种类

　　水蛭属环节动物门、蛭纲、颚蛭目、水蛭科。蛭纲包括4个目，即棘蛭目、吻蛭目、颚蛭目、咽蛭目。至今世界上已知的水蛭有600余种，分布在我国的水蛭有70余种。有养殖价值和医用价值的水蛭的种类较多，主要有宽体金线蛭、日本医蛭和尖细金线蛭。目前我国中药材采用人工养殖的吻蛭目水蛭科宽体金线蛭，后两种个体小，养殖效益低。

（一）宽体金线蛭

　　宽体金线蛭又称牛蚂蟥、扁水蛭、宽身蚂蟥，是人工养殖的主要品种。体形较大，扁平而肥壮，体的前端尖细，后端尖钝圆，略呈纺锤形，长6~18厘米，宽体金线蛭爬行时长20厘米左右，宽1.3~4.5厘米，成品体重每条20~50克。背面通常为暗绿色，有5~6条纵纹，纵纹由黑色和淡黄色两种斑纹相间组成。身体的两侧是1条单色的纵带。腹面浅黄色，掺杂有7条断续、纵行不规则的深绿色斑纹或斑点，其中2条的两侧缘是淡黄色（图2-8）。

　　体环数107个，各环之间宽度相似，前吸盘小，口内有颚，颚上有2行钝齿，齿不发达，不吸食动物血液；后吸盘大，吸附

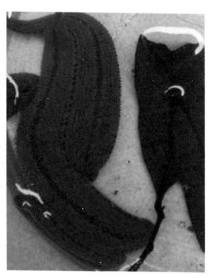

图2-8　宽体金线蛭

力强。宽体金线蛭不吸血，主要以螺蛳、河蚌水中软体动物，浮游生物和小型水生昆虫幼虫为食。肛门开口于最末两环节背面（图2-7）。在第33与34节，第38与39节的环沟间分别有一个雄性生殖孔和雌性生殖孔。宽体金线蛭生长在湖泊、稻田和河流中，生产率高。我国大部分地区都有分布。

（二）日本医蛭

日本医蛭个体小，狭长，稍扁，略呈圆柱形。体长3~6厘米，宽0.4~0.5厘米，背面呈黄绿色或黄褐色。有5条黄白纵纹，但背部和纵纹的色泽有很大的变化，背中线有1条白色条纵纹延伸至后吸盘上，纵纹的两侧都有密集的黑褐色细斑。腹面平坦，灰绿色，无杂色斑纹。体节环数103个，环带不显著，环带占体节环数的4/15，眼5对，呈马蹄形排列，前吸盘较大，口内有3对颚，颚脊上有1列锐利细齿，可吸食人和畜、鱼、蛙等动物血液。后吸盘呈碗状，朝向腹面，背面为肛门（图2-9）。第31与32节，第36与37节的腹面环沟内分别有一个雌性生殖孔和雄性生殖孔，雄交配器露出时呈细线形状。

图2-9　日本医蛭

（三）尖细金线蛭

尖细金线蛭别名茶色蛭、柳叶水蛭、柳叶蚂蟥。它的身体细长，扁平，呈披针形，头部极细小，前端1/4尖细，后半部宽阔。体长2.8~6.7厘米，宽0.4~0.8厘米。尾吸盘很小，体背部为橄榄色或茶褐色，有5~6条黄褐色或黑色斑点构成的纵纹，其中以背面中部1对最宽。腹面浅黄色，平坦，在背中纹的两侧有不规则的黑褐色斑点，构成新月形，约有20对，以此特征可与其他水蛭种类相区别。体节为105环，环沟分界明显，眼5对，位于2~4节及6~9节的两侧（图2-10）。在第34与35节，第39和40节的腹面正中分别有一个雌性生殖孔和雄性生殖孔，阴茎中部膨大。尖细金线蛭生长在水田和湖泊中，以水蚯蚓和昆虫幼虫为主食，最喜欢吸食牛血。

图2-10　尖细金线蛭

三、 水蛭的生活习性

水蛭绝大多数生活在水塘、稻田、湖泊、河沟、水库、山间溪流等淡水水域中，其中水蛭最喜欢水草或藻类较丰富、石块较多、多边多角、池底及池岸相对比较坚硬的水域，或生存在水草或藻类较丰富的浅水区域，水深一般在40~60厘米，这样的环境有利于水蛭吸盘的固着及休息，同时营养物质比较丰富，食物来源广，易隐蔽，逃避天敌。水蛭不喜欢在水体较深的底部淤泥中生活。水蛭喜欢中性或稍偏碱性的水域，水蛭不适应酸性水域。如果生态环境变化，在干涸的河道内水蛭可潜入水底而穴居，还有少数水蛭生活在海水中。有相当一部分水蛭营暂时性体外寄生性生活，少数水蛭营肉食性生活。水蛭分布广泛，我国大部分地区均有分布。有一些水蛭可水、陆两栖。还有个别种水蛭可生活在陆地潮湿的丛林中，如山蛭等。

水蛭是杂食性动物，以吸食动物的血液或体液为主要生活方式，生活在池塘、流动的小溪及水田等有机物丰富的水域。水蛭有时也爬上潮湿的岸边土壤与潮湿草丛里活动。白天常躲在泥土、水体漂浮物中、石块下、草丛间等隐蔽处，常在水中游泳。水蛭一旦受到外界干扰刺激或惊吓时，身体立即蜷缩成一团沉入水中或潜伏泥土上。夜间爬出，用吸盘吸着在动物皮肤上，以水中的浮游生物、小昆虫、软体动物的幼体和泥面的腐殖质为主食，也食各种动物内脏、淡水贝类、杂鱼类、蚯蚓、蝌蚪、草虾等。水蛭一次能吸入大量血液，耐饥力强，一般吸饱1次血即能生活半年不会被饿死，并能正常生活。宽体金线蛭不吸血，主要以螺蛳、河蚌等水中软体动物，浮游生物和水生昆虫幼体为食。

多数水蛭能长时间忍受缺氧环境。在氧气完全耗尽的情况下，医蛭可以存活3天。

水蛭对气温变化比较敏感，水蛭在外界温度低于10℃时一般就停止进食，温度低于5℃时就钻进泥土中，进入冬眠状态。冬季潜伏在土中越冬，阳春三月开始出土取食、交配、繁殖。

水蛭的运动是靠体壁的伸缩与前后吸盘的配合而进行的。水蛭的运动一般可分为三种形式，即游泳、尺蠖运动和蠕动。水蛭在水中可采用游泳的形式，即靠背腹肌的收缩，环肌放松，身体平铺伸展如一片柳叶，波浪式向前运动。尺蠖运动和蠕动通常是水蛭离开水体时在岸上或植物体上爬行的形式。尺蠖运动时先以前吸盘固定，后吸盘松开，体向背方弓起，后吸盘移到紧靠前吸盘处吸着，这时前吸盘松开，身体尽量向前伸展，然后前吸盘再固定，后吸盘松开，如此交替吸附前进。蠕动是使身体平铺于物体上，当前吸盘固定时，后吸盘松开，身体沿着水平面向前方缩短，接着后吸盘固定，前吸盘松开，身体又沿着平面向前方伸展（图2-11）。

图2-11　水蛭的运动形式

水蛭是卵生动物，雌雄同体而异体交配，体内受精。种蛭成体产卵茧时间一般在4月中旬至5月下旬，水温11~20℃。成体水蛭交配后经1个月左右便产出卵茧，卵茧通常产于湿润松软的泥土中。卵从雌蛭生殖孔排出，落在茧内壁和蛭体间空腔内，同时分泌一种蛋白液于茧内。种蛭产下的卵茧在适宜的湿度和温度环境下经半个月至1个月时间即可孵出幼蛭。水蛭的生长发育较快，孵化出的幼蛭生长4~6个月，体长可达到6~10厘米，重5~8克，就能达到性成熟。一般个体重8克以上就可加工出售。但在营养不足或野生状态下，水蛭需要1~2年才能长成。

第三部分 水蛭的营养饲料与活饵养殖

一、 水蛭所需的营养物质

水蛭的生长发育和繁殖等生命活动必须从外界饵料中摄取各种营养物质。水蛭所需的主要营养物质有五类：蛋白质、脂肪、碳水化合物、维生素和矿物质。水蛭在不同的生长发育阶段需求不同的营养物质，各种营养物质经过消化、吸收在机体内以完成生理功能与作用，维持其生命活动。掌握水蛭生长发育阶段对营养物质的需求，对人工养殖水蛭科学投饵，促进水蛭的健康生长，提高水蛭产量具有重要意义。

（一）蛋白质

蛋白质是水蛭维持生命极为重要的物质基础。它是构成水蛭体细胞的重要成分，同时也是水蛭生长和繁殖所必需的重要营养物质。水蛭对蛋白质的需求量随着机体生长而增加，幼蛭对蛋白质的需求为饵料重量的30%左右，水蛭繁殖期对蛋白质的需求可达饵料的80%左右。人工养殖水蛭的蛋白质主要来源于动物性蛋白质饵料和植物性饵料。投入饵料中蛋白质的含量应达到标准。

（二）脂肪

脂肪是水蛭体内各个组织细胞的组成部分，尤其是在繁殖期和冬眠期，水蛭依靠体内贮存的脂肪维持生理活动的需要。水蛭所需的脂肪主要从饲料中获取，但饲料中的脂肪不能直接被水蛭吸收利用，需要在消化道中经脂肪酶的作用，分解为甘油和脂肪酸后才能被吸收利用。由于水蛭能将糖类转化为脂肪，所以水蛭饵料中的脂肪不可过量，否则会引起水蛭肝脏中脂肪积聚过多。

（三）碳水化合物

碳水化合物在营养学上一般分为糖类、淀粉和粗纤维素等。主要是提供水蛭身体生长和维持生命活动所需要的能量物质，可转化为糖原及脂肪。水蛭所需要的碳水化合物主要从植物性饵料中获得。如果饵料中的碳水化合物过高，糖分将会积累在水蛭体内肝脏中，可导致水蛭肝脏损伤，降低水蛭摄食量，影响水蛭的正常生长。

（四）维生素和矿物质

水蛭对维生素的需要量极少，维生素的主要作用是参与水蛭体内新陈代谢过程。维生素是水蛭生长、发育、繁殖、抗病不可缺少的微量营养物质。人工饲养水蛭维生素含量约占水蛭饵料总量的0.05%。维生素种类较多，如果水蛭体内缺少任何一种维生素都会导致水蛭体内新陈代谢紊乱，生长迟缓，抗病力减弱，引发各种疾病，甚至造成死亡。

矿物质又称无机盐，包括常量元素和微量元素，构成蛭体身体组织成分和酶的组成成分，提高水蛭对营养物质的利用率。维持水蛭身体正常生理功能不可缺少的微量元素，主要包括钙、磷、镁、钠、钾、硫、氯等20多种。如果水蛭缺少这些矿物质会使饵料转化率降低，影响水蛭的生长。长期缺乏矿物质，水蛭会出现病态，甚至导致大批死亡。

人工饲养水蛭的饵料中，按一定比例适量加入维生素和矿物质等添加剂，加工配合制成最适口的饲料，能吸引水蛭采食。

二、 水蛭的饵料

（一）动物性饵料

水蛭是杂食性动物，以吸食动物的血液或体液为主要生活方式。水蛭的天然饵料比较广泛，主要以水生昆虫幼虫、蝇蛆、软体动物（如河蚌、螺类）、水蚯蚓，以及浮游生物、蛙类、小鱼、虾类等为主食。这些饲料蛋白质含量高，营养成分全面，适口性好，饵料转化率高。动物性饵料可利用各种不同的网具，到野外水域捕获，或采用自繁、自育方式供应水蛭摄食。人工养殖水蛭时，当天然饵料采捕有困难时，可采用喂给各种动物内脏、熟蛋黄、淡水贝类等，也可用绞碎的螺蛳肉、河蚌肉、蚯蚓等投喂；或采用动物性蛋白质饲料，如鱼粉、骨肉粉、蚕蛹粉、血粉等加工制成配合饲料。这些都是人工饲养水蛭的最佳饵料。水蛭幼体的消化器官消化性能较差，投喂水蚤、小血块、切碎的蚯蚓、熟蛋黄等效果较好。

（二）植物性饵料

幼蛭摄食个体较小的藻类如芜萍（是种子植物中体型最小的）及浮游植物等；幼蛭和越冬成年水蛭人工饲养对植物性饲料大多为迫食性的，可驯食的植物性饲料主要是稻谷类、麦类、豆类、玉米及其加工后的副产品，如麦麸等。幼蛭的良好饵料，可到水塘、稻田、藕塘等水体中捞取相应生物个体供食；可以适量喂给米糠、豆渣、豆饼等。

（三）配合饵料

工厂化规模饲养水蛭需要投喂人工配合饵料，根据水蛭食性和不同生长阶段对营养成分的需要，将多种水蛭饵料按一定比例均匀混合

23

加工制成营养全面的混合饵料。水蛭对混合饵料的消化率和利用率更高，有利于水蛭个体的生长发育，提高水蛭的抗病能力和成活率。同时，混合饵料对水体污染减少。

水蛭配合饵料的配方应根据水蛭的不同生长发育阶段对营养成分的要求不同制定，保证营养均衡。如幼蛭饵料中最适蛋白质含量为48%，其中以动物性蛋白饵料占蛋白质总量的70%为宜，而植物性蛋白饵料不超过30%。成蛭饵料中蛋白质含量为43%。幼蛭饵料中脂肪含量为5%，而成蛭饵料中脂肪含量通常为3%。水蛭配合饵料需要把饲料、乳汁饲料等营养性组分一起粉碎搅拌后进行合理饲喂。此外，配制水蛭饵料要求原料来源广泛，新鲜、卫生，注意适口性和饵料的黏结性，以质优价廉为准，降低饲养成本。

三、 水蛭的活饵养殖

近年来，有些养蛭专业户培养当地的天然饵料投喂水蛭，因饵料鲜活、营养丰富，可提高水蛭嗜食程度，增加其食欲。饵料来源广泛，减少运输环节，降低了饲料成本，取得了较好效益，值得推广。

（一）水蚤的培育

水蚤是枝角类动物的通称，俗称红虫，属于节肢动物门、甲壳纲、鳃足亚纲、水蚤科动物。其分布广，数量大，容易采集，同时生长周期短，繁殖快，易培养，而且在显微镜下能够很容易地看清其身体内部的多种结构及其生理活动。水蚤营养价值高，特别是蛋白质含量高，是水蛭等特种水产经济动物十分理想的优质的动物性饵料。

1.捕捞

（1）捕捞工具。捕捞的主要工具是水网，可以根据需要自行制作。网圈可用直径4~10毫米的铁丝或不锈钢丝围成，口径在150~300毫米，网兜长度在1.5~1.8米。网兜可根据水蚤大小用不同目数的尼龙纱筛绢缝制，捞水蚤的网一般用80目（非法定计量单位。表示每平方英寸上的孔数）左右的。网杆长2~4米，竹竿、钓鱼竿都可以。如果钓鱼竿能够伸缩，则更加便于长途携带。

（2）捕捞地点。水蚤一般生活在水流缓慢、肥沃的水域中，湖泊、池塘、水库中的数量常较江、河水域多。在山溪及流速大的江河中几乎见不到水蚤。废弃的旧河道或闭塞的水沟常是水蚤大量繁殖的场所。雨后形成的水坑、水潭等间歇性小型水域中有时也会有大量的水蚤存在。

（3）捕捞时间。水蚤一年四季都可以捕捞到。水蚤最适生活温度为18~25℃，夏末至仲秋(8~10月)和春末至初夏(5~6月)是水蚤全年总数量最多的两个时期，1~2月总数量最低。冬季气温较低，水蚤多集聚在下层，因此冬季捕捞水蚤时网要在水下搅动，让水产生漩涡，水下层的水蚤才会随水流涌上来。

水蚤喜欢一定强度的光照，在光弱时，向上层移动接近水体表层，在强光下，则向下移至深处。因而在同一地方、同一水层中，水蚤的数量有昼夜变化，尤其晴天，昼夜垂直移动情况更为明显。白天多在水域的下层，而傍晚与夜间则集中到上层。因此，选择黎明或傍晚在水表层即可以采集到较多的水蚤。在白昼由于堤坝和树荫及水草的遮挡，湖泊沿岸区光线往往较弱，也可以采集到较多的水蚤。

（4）捕捞方法。先在采集水蚤的水域取水，并用过滤网过滤后倒入大容积的广口有机玻璃瓶或无毒塑料桶中，再用水网在一定范围的水域中拖拉，使水蚤浓集，然后迅速提起水网，对着广口瓶翻转网底，把捞到的水蚤倒入广口瓶内。如果返回实验室的路途较远时，要使用较大的容器运输，途中可适当打开容器盖通气，防止容器内水蚤因种群密度过大、长途涤荡及缺氧而死亡。

2. 人工培养 最好当天饲用当天捞取，时间过长水蚤会大量死亡。无法当天饲用的，采集后要及时进行人工培养。

（1）分离纯化。捕捞回来的水蚤大小不一，同时混杂有其他的小型浮游动物。纯化的目的是将不同大小的水蚤分开培养，同时清除其他的水生浮游动物，如轮虫、介形虫、剑水蚤等。

第一步：先进行大小分离：准备4个筛子，分别是40目、60目、80目、120目的筛网。然后把筛子放在接水的容器上，从上到下按40目、60目、80目、120目的顺序摆起来，然后把水样倒在最上面的筛子里，40目筛出来的是最大的水蚤，然后是60目筛出来的水蚤、80目筛出来的水蚤，120目筛出来的是水蚤幼体和小型轮虫或草履虫。用哪几种规格的筛子分离，取决于捕捞时水网的规格及所需水蚤的大小。

第二步：分离其他动物。浮游水生动物肉眼难以分辨，故而分离要在双目解剖镜下进行。取一培养皿，往里倒入一些水样，置于双目解剖镜暗光下观察。如发现死亡的水蚤及其他水生动物，可以用胶头滴管吸出，移到其他水体中。然后将分离后的水蚤放入用双层200目绢筛过滤后的原水蚤生活的新鲜水体中，以备喂养所用或长期培养。这样分离出来的均为个体大小基本一致的水蚤。

（2）培养。培养水蚤注意容器、食料、水质、水温、光照等方面的问题，分别介绍如下：

1）容器。在室内小规模培养水蚤，可利用玻璃或聚乙烯制的圆形培养缸、水族箱（40升左右）作为培养容器，水蚤无专门的呼吸器官，靠体壁与外界进行气体交换。由于水面溶解的氧气多，水蚤会浮到水面上来进行呼吸，因此最好用接触空气面积比较大的容器，即浅的容器来饲养，水位保持在5~10厘米，大于10厘米水蚤繁殖速度减慢。若长期饲养，用带有氧气泵的鱼缸最好。

2）食料。水蚤是滤食性的动物，主要摄食单细胞藻类、细菌（如乳酸菌）、酵母菌类，个体较大的水蚤更喜欢吃细菌的腐屑。准备常年饲养则需要培养绿水（含有许多绿色的藻类，能为水蚤的生长繁殖提供丰富的营养），可在透光的容器中，将新鲜尿液和存放过的自来水以1：100的体积比配制成1%人尿培养液，接种单细胞绿藻，放在直射太阳光下暴晒1~2周，水由清变成浅绿色就可以。在用绿水培养水蚤的过程中也可以加入少量酵母，用于弥补水蚤因种类不同而造成的食料缺乏。

若临时培养水蚤，准备绿水时间来不及，用酵母比较方便（到超市购买普通的面包酵母粉1包）。酵母在30~40℃的温水浸泡后为酵母液，将其投入水蚤培养缸中；也可以直接用绿藻粉、螺旋藻（保健品店有售，价格贵）、酸奶培养水蚤。酸奶投放量最好以滴作为单位，多了水面易生成油膜，水蚤就会缺氧。实验表明，酵母、绿藻粉、螺旋藻、酸奶都没有天然绿水效果好。

3）水质。将所分离纯化的水蚤，先养在一般稍大的容器中，以原水质试养数天，使其先适应实验室的条件，淘汰不适于在实验室培养的种类和个体，挑选的个体应是生殖周期短，繁殖量大，能经受实验室小水体生活的强壮个体，特别是应选择一些常年能在实验室条件下培养的种类，以便长期培养。

保持充足的食物和良好的水质是水蚤快速繁殖的基础。培养水蚤用的自来水要事先存放5天以上，确保水里不含氯，再加入绿水，至培养液微绿即可。然后用磷酸二氢钾调节培养液的pH值到7~7.5。接种水蚤的数量以每只占3~5毫升生存空间为宜。应保持水的清洁，要勤换水，一般2天换1次水和供饵1次，换水时避免将绿水直接加入鱼缸，要调好pH值再加入，换水量为总水量的1/4~1/3，水变清澈时，加大绿水用量，维持淡绿色，防止水体中细菌的过量繁殖，以及藻类的过分积累，否则细菌及藻类太多会导致水中缺氧（带氧气泵的鱼缸可以避免），引起水蚤大量死亡。

利用酵母培养水蚤时，应保证酵母质量。将溶化了酵母的水倒入水蚤养殖缸，投喂量以当天吃完为宜，夏季要半天吃完，1天喂2次。若是用量控制不好，水质很快就会恶化，造成水蚤快速死亡，一般投放量最好由少到多。在水变得像水晶一样清澈之前，无须再往养殖缸中添加饲料。若用酵母投喂量不多的情况下，水还能见底，可以每3天换1次水，也可以加水。若没时间换水也可把吸收酵母液的微孔海绵投放到水蚤缸里，水中酵母菌不够的情况下，会从海绵溢出，水蚤便会到海绵附近就餐。换加水时间可以从2天延至5天换1次。

4）水温。水温是影响水蚤繁殖的重要因素。水蚤在3~5℃的水温下不产卵，当水温升到6~10℃时又重新产卵，而继续上升到30℃时又停止产卵。水温在15~25℃繁殖量最大，从孵化到性成熟需3~4天。让水蚤安全度过炎热的夏季，是水蚤室内培养成功的关键。夏季气温一般都在30℃以上，若温度高于30℃时，用双层水域培养，即将培养水蚤的水族箱放入盛有自来水或冰水的大盆内，这样可使养殖水温降低。冬季若有必要可采用水族箱恒温加热器进行加热。

5）光照。水蚤喜弱光，自然光即可，不可将水族箱置于太阳直射光下，可在水族箱正上方悬挂1块遮光板以遮挡中午强光直射。若想加快繁殖，可在晚上用小光源（如5瓦的小夜灯等）照明。

6）采收。在适宜条件下水蚤繁殖很快，生命周期为1周，4~5天大量繁殖，10~12天达繁殖高峰。要控制其密度，若水面大量密集水蚤，水下层也有，则应该及时捞出，可每天1次，也可2~3天1次，每次应不超过池内蚤体总量的1/3，捞取后保持水的浅绿色，才能促进水蚤生长繁殖，保持水缸生态平衡。采收时可用80目抄网捞取，也可换水滤取。在培育过程中，若密度过大又暂时用不到应及时进行分养。水蚤放养密度可按每平方米水面接种30~50克水蚤种。

（二）水蚯蚓的养殖

水蚯蚓是一类水栖寡毛动物的统称，一般个体较小，细长呈线状，体色鲜红或深红色。它的营养成分不但丰富而且全面，水蚯蚓终年生活在水域中有机质非常丰富的泥底内，一部分身体钻入底泥中，大部分身体在水层中不停地颤动。水蚯蚓对温度的适应范围广，对环境适应性强，增殖速度快，易培养采集，适口性好。人工养殖作为稚甲鱼、山瑞鳖的优良饵料。水蚯蚓有霍氏水丝蚓、中华颤蚓、苏氏尾鳃蚓、指鳃尾盘虫、尖形管盘虫、淡水单孔蚓等。

1.养殖池的建造 水蚯蚓养殖池应选建在进排水方便的水涵，水质优良，溶解氧含量适宜、含盐量不高的低洼地或沼泽地等建池。一般池长5米，宽1米，池面积大小可根据养殖水蚯蚓数量确定，池堤用砖石砌成，池深0.5米。池端分别设置进水口和排水口，并用金属网栅栏遮盖，以防鱼、虾、螺等随水入池为害，池堤边种植丝瓜等攀缘植物遮阳。池底淤泥厚度为10厘米。进水浸泡，待泥块泡烂后，引种前2天在淤泥面上施腐熟的畜粪等有机物质，以猪、牛粪为主，每平方米10千克左右。有条件的每2天再加1次发酵的麦麸、米糠等，每平方米100克，供水蚯蚓摄食。

2.养殖方法 水蚯蚓在4月中下旬放养，每平方米水面放养502.9克左右。水蚯蚓的食物来源十分广泛。凡是无毒的有机质经酵解后均可作为饵料被摄食。但水蚯蚓人工投饵料可用牛粪、麦麸、米糠、玉米粉等，但也有选择性，如喜食牛粪和麦麸类。水蚯蚓适宜生活在有一定肥度、pH值5.6~9的水中，养殖池水深以3~5厘米为宜。低温期有光照时宜偏浅，以提高污泥的温度，增强微生物的活动能力；高温时水宜深，以减弱光照强度，污泥表面保持流态为好。流速过大会冲掉污泥中的营养物质，静水不利于排除水蚯蚓体排泄物和有害气体，以保证水蚯蚓有良好的生活环境。水蚯蚓饲养要特别注意防止鲤、鲫、泥鳅等侵入食害。在养殖期间培养基表面常覆盖有青苔，对水蚯蚓很不利，必须刮除。否则青苔（水绵）会影响水蚯蚓的生长。

3.繁殖技术　水蚯蚓全年可进行引种，水蚯蚓在整个生命周期中，生长发育的时间占1/3，其余时间都在繁殖后代，增殖速度快。水蚯蚓的繁殖分有性繁殖和无性繁殖两种方式。水蚯蚓为雌雄同体，异体交配产卵的种类，繁殖能力极强，孵化出来的幼蚓生长20多天就行交配后产卵繁殖，1条成蚓可产卵茧几个至十几个。平均约4天产1个无色透明呈袋装的卵茧，每个卵茧中平均孵化出3条幼虫。另一种是无性分裂的种类，行无性分裂繁殖，在适宜生活条件下繁殖速度很快，日平均繁殖数量为种量的1倍。在整个生命周期都与繁殖季节有关。水蚯蚓一生能产下100万~400万粒卵。但水蚯蚓寿命不长，一般只有80天左右，少数可活100天以上。

4.分离采收　由于水蚯蚓的年龄一般不太长，繁殖速度很快，人工养殖50天左右，或每平方米水蚯蚓量达到1 500克以上时，必须及时采收，否则会影响水蚯蚓的生长繁殖。采收水蚯蚓时间一般在早晨日出之前。因为此时水中缺少氧气，水蚯蚓经常在培养基面上聚集成团块，易于采收。为了便于采收，在采收前1天晚上截断水流，使水蚯蚓池水缺氧。采收工具可用聚乙烯网布做成小抄网舀子，次日早晨直接捞取水中团块状之水蚯蚓于桶内。用网布滤去淤泥后放入盆内，铺布为10厘米厚的一层，上面再紧贴一层纱布，淹水2厘米，用盖密闭1小时左右，水蚯蚓因缺氧通过纱布孔眼钻到表面即可采收到纯净的水蚯蚓。采集的水蚯蚓保存期间，需要每日换水2~3次。在春、秋、冬三季可存活1周左右，在炎热夏季，保存水蚯蚓的浅水器皿应在自来水龙头下用小股流水不断冲洗，可保存较长时间。

（三）黄粉虫的养殖

黄粉虫俗称面包虫，属于鞘翅目、拟步行虫科。其虫体为多汁的软体动物，原产美洲，20世纪50年代由北京动物园从苏联引进饲养。黄粉虫富含营养物质，易于饲养，其幼虫早已用作饵料喂养特种水产动物等，是高蛋白多汁的软体鲜活饵料。据分析，其蛋白质含量幼虫为48%、蛹为55%、成虫为65%，脂肪含量达28.56%，糖类23.76%，此外还含有10余种氨基酸和多种维生素、激素、酶、几丁质及矿物质如磷、铁、钾、钠、钙等，营养价值高。据饲养测定，1千克黄粉虫的营养价值相当于25千克麦麸，20千克混合饵料和1 000千克青饵料。可做成高蛋白干粉，用作饵料添加剂，能加快饲养动物生长发育，增强其抗病抗逆能力，降低饵料成本，开发出高技术产品及食品，具有较好的经济效益，市场前景非常广阔。

1.形态特征与生活习性 黄粉虫属完全变态昆虫，一生要经过卵、幼虫、蛹、成虫四个阶段（图3-1）。

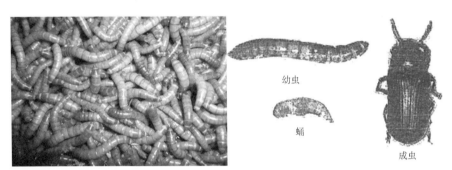

幼虫

蛹

成虫

图3-1 黄粉虫

（1）卵。卵为乳白色，椭圆形，长径约1毫米，短径约0.7毫米。卵壳薄而软极易受损伤。初产卵表面带有黏液，常数粒粘成一团，其表面粘有饵料形成饵料鞘，不易发现。卵产出约1周后即可孵化为幼虫。

（2）幼虫。幼虫刚孵出时长约0.5毫米，乳白色，难辨认。幼虫可生长至体长28~32毫米，4毫米后渐变为黄褐色。幼虫呈圆筒形，光滑，有13个节，各节连接处有黄褐色斑纹，在生长过程中要经过若干次休眠和蜕皮（约3个月），刚蜕皮的幼虫呈白色透明，蜕皮8次左右后变成蛹。

（3）蛹。蛹初为白色半透明，渐变黄棕色，再变硬，长15~20毫米，头大尾小，头部基本形成成虫的模样，两足向下紧贴胸部；蛹的腹侧呈齿状棱角。蛹不能爬行，只会摆动，不摄食，蛹经10天左右变为成虫。

（4）成虫。刚羽化的成虫为白色，渐变为黄褐色、黑褐色，腹面和足褐色，有光泽，呈椭圆形，长14~15毫米，宽约6毫米。虫体分头、胸、腹三部分。成虫有黑色鞘状的前翅，鞘翅背面有明显的纵行条纹，静止时，鞘翅覆盖在后翅上，后翅为膜质，有翅脉，纵横折叠于鞘翅之下，雄性有交接器隐于其中，交配时伸出；雌性有产卵管隐于其中，产卵时突出。

黄粉虫成虫一般不能飞行，只能靠附肢爬行。黄粉虫喜干不喜湿，不喜光，适宜在昏暗的环境中生活，成虫遇强光照，便会向黑暗处逃避。虽然昼夜均可活动，但夜间活动更为活跃。黄粉虫的适应能力强，可在5~39℃条件下正常生长发育。在5℃以下时黄粉虫进入冬眠。黄粉虫适宜生长温度为25℃左右，此时摄食量明显增多。其食性杂，食五谷杂粮、糠麸、果皮、菜叶、羽毛、昆虫尸体及各种农业废弃物。黄粉虫只有成虫才具有生殖能力；成虫经历2~4个月繁殖。寿命长短不一，平均51天，最短2天，最长196天。在正常情况下，每蜕1次皮体重就会增加。羽化后3~4天开始交配、产卵。产卵期平均22~130天，但80%以上的卵在1个月内产出。雌成虫平均产卵量为276粒左右。幼虫喜群集。成虫有自相残杀的习性，即成虫有吃卵、咬食幼虫及蛹的现象。

2.养殖设备 黄粉虫养殖设备简单，饲养场可根据饲养数量因地制宜、因陋就简。批量养殖黄粉虫可建饲养池饲养。饲养池面积一般以1平方米为宜，要求池内壁绝对光滑，防止黄粉虫外逃。池顶可用塑料薄膜覆盖或装上玻璃。饲养成虫可用木制饲养箱，一般长60厘米、宽45厘米、高10厘米，箱底部安装一块铁纱网，使卵能漏下去，不致被成虫吃掉。纱网下要垫上一层比箱底稍大的接卵纸，纸上写明放置日期。在接卵纸下面再垫上木板或平整的厚纸板，以承托接卵纸，便于收集虫卵。同时还应准备孔径1毫米的选筛1把，供筛虫粪和小虫用。大规模养殖黄粉虫时，可将一定数量的木制饲养箱放置于黄粉虫饲养室内，设制多层木箱架将饲养木箱排放于层架上，进行立体饲养。饲养少量黄粉虫可采用木材制成虫盒。一般虫盒规格为长120厘米、宽60厘米、高10厘米，木框内壁应衬贴塑料胶带。盒养黄粉虫的优点是易于搬动，便于管理，操作方便，且能充分利用空间。根据房舍和虫盒的情况用木材制造盒架，以便分层放置虫盒。农村饲养少量幼虫时也可用大小不同的缸进行。

此外，还需要准备温度计1支、盛放黄粉虫饲料用的塑料盒、调节养虫房内湿度的洒水壶和用于分离虫粪及幼虫的筛子。筛子四周用1厘米左右厚的木板制成，筛网要分别为20目、40目、50目铁丝网及尼龙丝箱各1个。

3.饲料 黄粉虫为杂食性昆虫，主要以杂粮、米糠、麸皮为主食，兼吃各种菜叶、菜根、部分树叶、农作物茎叶、野草类植物，也食瓜果及一些昆虫蛹、死成虫、不熟肉、骨头等动物性饲料。饲养黄粉虫的饲料应根据其生长期对营养的需要制定科学的饲料配方，如幼虫期生长过快、活动量大，主食用细麸皮或含大米粉的细米糠及玉米粉等；成蛹期主食用玉米粉、麸皮，并添加少量的鱼粉和骨粉；成虫期的饲料配方则为玉米面15%、麸皮75%、饼粉10%。饲料要磨碎研细，喂饲饲料厚度以1~3毫米为宜。根据黄粉虫的生活习性，各生长期除喂上述精细饲料外，还应增喂青菜叶、瓜果或萝卜叶等富含水分的青绿饲料。

4.饲养管理 卵的孵化、幼虫、蛹和成虫应按不同年龄不同生长期分开饲养，切不可混养。因为混养不便于按不同需求投喂食料，而且成虫在觅食过程中容易吃掉卵，而幼虫则容易吃掉蛹。

（1）幼虫期的饲养管理。黄粉虫的幼虫适宜生活在13~32℃和相对湿度为80%~85%的条件下，幼虫的厚度不宜超过2~3厘米，以免发热。黄粉虫的主食为麸皮、米糠，兼吃各种杂食。

1）幼虫20日龄以后，可在平时饲料上面放些青菜叶、萝卜叶等。饲喂青绿饲料应根据气温而定。气温高时可多喂一些，每天只要喂青绿饲料和麸皮、米糠就可以了；喂食一般在晚上进行，没吃完的青绿饲料必须每天清除。

2）幼虫1月龄后，每隔一段时间需要用筛筛出幼虫，再用小筛把米糠、麸皮中的粪便排除。老熟幼虫可在饲养箱中饲养，每平方米可放虫24千克左右（即6 000~7 000条老龄幼虫），厚度不宜超过2厘米。饲养配方一般采用麦麸70%、玉米面15%、饼粉15%。为了促使幼虫增长，可在饵料中添加些鱼粉、骨粉之类的饵料，平时还要适当投放青菜叶或瓜果皮以补充水分。幼虫的喂食量要随个体的增大而增加。每年6~9月气温较高，黄粉虫生长快，脱壳多，虫体需要充足水分以保证新陈代谢，此时期应多喂含水分多的青饵料，每天翻幼虫3~5次，并经常开门窗降温（门窗应安装纱网以防逃防敌害）。冬季黄粉虫吃食少，如果把温度升高到5℃以上则其生长发育恢复正常。

3）幼虫2月龄后，可用较粗筛筛虫，每次过筛后要筛去虫皮，捡净杂物，保持饲养箱（盒）内清洁干净。幼虫生长速度不同，大小不均，要用分离筛将其分群饲养，密度一般为每箱24千克左右。

（2）蛹的饲养管理。幼虫在15~32℃条件下饲养，蜕皮8次左右，生长到2~3厘米长后开始变成蛹。蛹为乳白色，一般体长15~17毫米，浮在饵料表面；应及时清出虫蛹，以免幼虫咬死蛹。可将每天捡出的蛹放置于通风干燥保温的温室饲养箱（蛹变箱）内，蛹变箱的放养量不宜过多，以箱底平放1层蛹为宜（约1千克）。蛹变箱内垫放一张旧报纸。蛹期较短，若温度在20~25℃，1周后就能羽化为成虫（蛾）；在温度为10~20℃时，经2~3周可羽化为成虫（蛾）。蛹变箱不宜过湿，以免发生腐烂。

（3）成虫（蛾）的饲养管理。把垫在蛹变箱内的旧报纸轻轻拿到成虫产卵网箱内，把纸上的成虫抖落下来，再把旧报纸（新白纸最好）放在蛹变箱内，然后再放1只产卵网箱在报纸上面。羽化的成虫用麸皮加少量水拌湿饲喂，不宜干喂，并要保持新鲜。青绿饵料切成片，每日傍晚喂1次，投料量多少以当天吃完为宜。产卵成虫迁到网箱内饲养繁殖，每3~5天换1次接卵纸，成虫集中放于1个箱内，每只网箱一般放成虫5 000只左右，不可铺得太厚。成虫产卵期间为了保证每天产卵的数量和质量需要丰富的食料，除喂混合饵料以外还要增加鱼骨粉以补充营养。在产卵箱内撒1层饵料，厚约1厘米，再放1层鲜菜叶，要求随吃随放，主要用其补充水分、增加维生素，但刚蜕变的成虫很脆弱，抵抗力不强，不宜吃过多的青绿饵料，成虫会分散隐藏在叶片底下。

在饲养黄粉虫过程中应加强饲养管理，搞好卫生，防止病虫害，尤其要防禽鸟、壁虎、鼠、蟾蜍、蜘蛛、蚂蚁、蟑螂等动物的为害。

5.繁殖技术

（1）种虫的选择。选择种用黄粉虫要求规格整齐。应选择体长在25厘米以上的爬动活跃的老熟幼虫，间节色深，体壁光滑。

（2）交配、产卵与孵化。黄粉虫成虫羽化后经4~5天性成熟后会自行交配，交配后的雌成虫在正常情况下，1~2周后为产卵旺盛期。黄粉虫的繁殖力很强，成虫交配活动不分昼夜，1次交配需数小时，1生中多次交配，多次产卵。1只年轻健壮的雌成虫，1天产卵2次，每次产卵5~15粒，共20~30粒。卵在25℃左右经过3~5天即可孵化。在正常情况下，3.5~6个月1只雌成虫能繁殖200~300条的幼虫。黄粉虫受精卵孵化的快慢与环境温度关系很大，人工繁殖黄粉虫在早春、秋季和冬季应注意保温，以保证卵的孵化。在一般情况下，间隔7天左右就将产卵箱移至另一个产卵箱。原孵化箱的饵料及虫卵即可孵化，直至幼虫全部孵出，把饵料吃完，后可将虫粪筛除换上新饵料。同时还要及时清除交配后死亡的雄虫，否则雄虫腐烂变质会导致其他成虫染上疾病。黄粉虫所产的卵应分期采卵、分期孵化、分群饲养并加以严格控制。但饵料群中也会出现老龄幼虫和蛹、成虫共存的现象，这就需要采取分捡方法及时分出蛹和成虫。

6.病害防治　黄粉虫在正常饲养条件下，只要加强管理是很少患病的。但如果饲养条件太差，管理不当也会发生软腐病和干枯病。同时还会受到螨虫为害。

（1）软腐病。此病多发生于梅雨季节，主要病因是饲养场所空气潮湿，放养密度过大，以及幼虫清粪难筛而用力幅度过大造成虫体受伤。

[症状] 病虫行动迟缓，食欲下降，粪便稀清，产仔少，重者虫体变黑、变软，溃烂而亡。

[防治] 发现黄粉虫软腐病后应立即减喂青饲料，清理病虫粪，开门窗通风除湿，调节适宜的温度，及时取出变软变黑的病虫，并用

0.25克氯霉素拌250克豆面或玉米面投喂，等情况好转后再改为麸皮拌青饲料投饲。

（2）干枯病。发病的主要原因是气温偏高，空气干燥，饲料过干，饲料中的青饲料太少而致。

[症状] 病虫头尾部干枯，重者发展到整体干枯而死。

[防治] 在酷暑高温的夏季，应将饲养箱放至较凉爽通风的场所，及时补充各种维生素和青绿饲料，并在地上洒水降温，防止此病的发生。

（3）螨害。在7~9月易发生螨害，饲料带螨卵是螨害发生的主要原因。黄粉虫饲料在夏季要密封贮存，食料以米糠、麸皮、土杂粮面、粗玉米面为最好，先暴晒消毒后再投喂。另外一点也不能忽视，即掺在饲料中的果皮、蔬菜、野菜不能太湿，因夏季气温太高易导致其腐败变质。此外，还要及时清除虫粪、残食，保持饲养箱内的清洁和干燥。如果发现饲料带螨，可移至太阳下暴晒5~10分钟（饲料平摊开），即可杀灭螨虫。同时，还可用40%的三氯杀螨醇1 000倍溶液喷洒饲养场所，如墙角、饲养箱、喂虫器皿，或者直接喷洒在饲料上，杀螨效果可达80%~95%。

7.黄粉虫的运输、使用和加工

（1）运输。黄粉虫是活的昆虫，购买大幼虫，用没有孔洞的布袋装虫后把袋口扎紧；在20℃以上，每袋装虫不得超过3千克，在途中要不断调转袋的位置，以防袋子一头的虫长期受压而致死；夏季要趁早晚凉爽时上路，途中过夜或长时间休息，要将虫倒入光滑的盆或桶中，以免将布袋咬破。运成虫的方法与运幼虫相同。运蛹可用敞口容器，且应与虫粪混合。运卵则是把接卵纸连同其上物料包好，不漏即可。

（2）使用和加工方法。

1）使用：当黄粉虫长到2~3厘米时，除筛选留足良种外，其余均可作为饲料使用。使用时可直接将活虫投喂甲鱼和山瑞鳖等特种水产动物，也可把黄粉虫磨成粉或浆后，拌入饲料中饲喂。

2）加工：①虫粉。将鲜虫放入锅内炒干或将鲜虫放入开水中煮死

(1~2分钟)捞出，置通风处晒干，也可放入烘干室烘干，然后用粉碎机粉碎即为成虫粉。②虫浆。把鲜虫直接放入磨浆机磨成虫浆，然后再将虫浆拌入饵料中使用，或把虫浆与饵料混合后晒干，备用。

（四）蝇蛆的养殖

蝇蛆（图3-2）是一种廉价、适口性好、转化率高、蛋白质含量丰富的动物性饵料，其营养比豆饼高1.3倍，尤其是必需氨基酸含量高。据营养分析，鲜蝇蛆中蛋白质含量15.6%，干蝇蛆粉含粗蛋白59%~63%、粗脂肪10%~20%，与进口秘鲁鱼粉相似，其中，赖氨酸含量为4.1%、蛋氨酸1.8%、色氨酸

图3-2 蝇蛆

0.7%、氨基酸总含量占干物质重的52.2%。蝇蛆粉的每一种氨基酸含量都高于国产的鱼粉，必需氨基酸总量是鱼粉的2.3倍，赖氨酸含量是鱼粉的2.6倍，此外，还含有生命活动所必需的铁、锌、铜、锰等17种微量元素。蝇蛆不但可烘干后作为蛆粉用作饵料，蛆粉也可完全代替鱼粉，而且在饵料中掺进适量的活体饵料，替代鱼粉生产配合饵料喂稚甲鱼和山瑞鳖等特种水产经济动物，可使动物生长明显加快，增产显著。据分析，家蝇蛹含有超过60%的蛋白质和10%~15%的脂肪及16%~17%的氨基酸，包含足够数量的人类食物中所必需的成分和某些矿物质，其所具有的脂肪酸类型很似一些鱼油中的脂肪酸类型，经济效益较高。

1.育蛆房、育蛆池及种蝇房的建造

（1）育蛆房。若为新建造，应选择向阳、通风、透光、远离居民区的房屋（简易平房或棚舍亦可），面积不少于30平方米，1/2的屋面采用透明材料，以利于采光和低温季节升温。门窗及缝隙要用透明纱布封堵，以防止苍蝇跑出。在养蝇蛆房内1.8米高处设立由数条来回穿插的细绳织成的网状，以供苍蝇着落栖息。育蛆房四周设有小水沟用来防蚁和调节温度。育蛆房内挖4个深1米、宽1.7米、长2米的育

蛆池，池的四周及底部用水泥粉刷。在池的四角安装鲜蛆分离诱导装置——收蛆桶（高30厘米、口径22厘米的塑料桶），桶口高出池地面3厘米，并用水泥抹严，桶边要紧靠池壁（相切），池壁直角用砖和水泥填充成半圆与桶壁上下成直线。

（2）种蝇房。种蝇房的门和窗要安装玻璃和纱窗，以利于控温。墙上安装风扇，以调节空气。房内设有加温设备（电炉），冬天温度要保持在20~32℃，相对湿度则要保持在60%~80%。通道上设多层黑布帘，防止种蝇外逃。内设饲养架，分上、中、下三层。饲养架用铁条或木条做成。每层架上安置用尼龙纱布网制成的蝇笼，笼长40厘米、宽30厘米、高50厘米。一面留直径12~15厘米操作孔。为防止蝇飞出，连接长30厘米的套袖，以便于加料、加水和采卵。每个笼内配有1个小水盆，3~4个料盆，1个产卵缸，1个羽化缸。

2.饲料　育蛆时，鲜猪粪、鸡粪可直接用来作蝇蛆养料，还可在猪、鸡粪中添加一定数量的麦麸、米糠、猪血或屠宰场下脚料，以增加养料的通气性；含水量则要控制在70%以下，这样鲜蛆的产量会大大提高。

3.饲养管理　制好的饲料的pH值调至6.5~7，以每平方米放50千克计算，把饲料放入育蛆池，铺平后每平方米接种1个蝇笼内1天所产的卵，撒放均匀。同时把饲料温度控制在25℃左右。经8~12小时蛆卵开始孵化，经过4~5天，当变成带黄色的老熟幼虫时收集利用。鲜蛆的产量要视粪便的种类及气候因素而定，用全价配合饲料喂的猪粪和鸡粪每100千克可产鲜蛆30~50千克，当然鲜蛆产量还受天气因素影响，若阴雨天或气温较低，则达不到预计产量或没有产量，规模较大者可采用恒温大棚养殖。

4.繁殖方法

（1）种蝇的来源。将含水10%的培养基（蝇蛆培养基，即猪粪）放入羽化缸，然后把待蛹化的蛆放入，化蛹后要用0.07%的高锰酸钾水浸泡蛹10分钟杀菌，成蝇后就成了无菌苍蝇，挑个大饱满的置入种蝇笼内，让其羽化成种蝇。

（2）种蝇的饵料。成蝇的饵料初次用5%的奶粉和红糖等量配制，每只每天用料1毫克，等到产出蛆后用蝇蛆糊（将蛆用绞肉机绞碎）95克、啤酒酵母5克、蛋氨酸90毫克加水155毫升配成种蝇饵料。蝇蛆羽化到5%以后开始投食。饵料放在有纱布垫底的料盆中，让成蝇站立在纱布上吸食。水盆倒入水并放入1块海绵，饵料和水可隔天加1次。产卵盆内放入猪粪，引诱雌蝇集中产卵，每天接卵1次，最后送到育蛆房育蛆。种蝇产卵以每天上午8时到下午3时数量最多。取卵时间定在傍晚。每批种蝇饲养23天即可利用，用热水或蒸汽将其杀死，然后重新换上1批。换批时蝇笼和养殖用具用开水烫洗或用来苏儿水浸泡消毒后再用。

5.蝇蛆的收集与利用 利用蝇蛆怕光的特点进行收集。用粪扒在育蛆池饵料表层不断地扒动，蝇蛆便往下钻，把表层粪料取走。如此反复多次，最后剩下少量粪料和大量蝇蛆。用16目孔径的筛子振荡分离，每天早晚从收蛆桶中各取蛆1次，但每天都要留少量的蛆放于1个盆中，让它们化蛹变蝇，以补充种蝇的数量。分离出的蝇蛆经无病原处理后用清水洗净即可以直接用来喂养家禽和部分鱼类，只需补充适量粗饵料和青绿饵料即可，肉用特禽育肥期需将蛆虫拌以玉米面、麦麸或碎米等植物性精饵料，停喂青绿饵料，并加0.5%食盐少许，以提高饵料的利用率；也可在200~250℃条件下烘烤15~20分钟，烘干加工成蛆粉贮存备用，供饵料厂代替鱼粉生产配合饵料。此外，在收集时还可用收集的蛹壳提取几丁质。

（五）蚯蚓的养殖

蚯蚓俗称曲蟮，分类上属于环节动物门、寡毛纲、巨蚓科。蚯蚓是一种分布广、食性杂、繁殖力强、富含动物蛋白、养殖成本低的养殖业饵料，可作为多种禽类、水生动物的蛋白饵料。如我国太湖红蚯蚓（为日本赤子爱胜蚓改良品种），其干体含粗蛋白56.4%、脂肪7.8%、碳水化合物14.2%。蚯蚓体含的赖氨酸、蛋氨酸、色氨酸等动物必需的氨基酸齐全，并含维生素B_1、维生素B_2及锰和铁、锌、钙、磷等微量元素，是特种经济水产动物的优质饵料。干燥蚯蚓体可入药，中药名"地龙"。中医认为蚯蚓性寒、味咸，具有解热、镇痉、活络、平喘、降压和利尿等功效。

蚯蚓喜食腐殖质，能净化环境，可以疏松土壤、改进团粒结构，将酸性或碱性土壤改良为近于中性的土壤，增加土壤中钙、磷等速效养分；可以促进土壤中硝化细菌等的活动，并保持土壤的湿润。同时，蚯蚓可以提高土壤肥力，增加作物产量，其排泄物中含可培肥土壤的营养元素和腐殖质，能在根系附近释放植物生长所需的营养物质，还可以改变土壤的物理结构，帮助根系吸收营养。另外，蚯蚓适应性强、易饲养、生长快、食性广、饲料利用率高、抗病能力强、繁殖快、产量高且饲养成本低，是一种投资少、收益大的养殖品种。

1.形态特征　蚯蚓的种类很多，有2 700余种，中国有160多种。我国最常见的是巨蚓科的环毛蚓，体呈长圆柱形，常见品种体长达20厘米左右，由多数环节组成，自第2节起每节环生刚毛。头部包括口前叶和围口节两部分。围口节腹侧有口，上覆肉质叶（即口前叶）。蚯蚓没有眼、鼻、耳，靠蚓体表面许多感觉细胞来分辨光亮与黑暗。生殖带环状，生于第14~16节。雄性有生殖孔1对，在第18节上；雌性有生殖孔1个，在第14节上，受精囊孔3对（图3-3）。

人工养殖用作蛋白饵料的蚯蚓品种不少，除选养环毛蚓以外，还可选养背暗异唇蚓、绿色异唇蚓、日本良种大平2号、北星2号蚯蚓和我国的赤子爱胜蚓等。这些蚯蚓个体大、肉质好、蛋白质含量高、食性广、适应性强、定居性好、易饲养、生长周期短、繁殖快、产量高，采用人工养殖技术，每平方米可年产蚯蚓30千克以上。

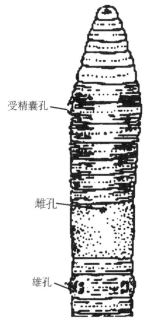

受精囊孔

雌孔

雄孔

图3-3　环毛蚓身体前端

2.生活习性 蚯蚓喜食土壤中的腐殖质，适于生活在田园、草地等温暖、湿润、疏松、有机质丰富的中性土壤中。栖息深度一般在土壤上层15~20厘米，昼伏夜出，以腐烂的落叶、枯草、蔬菜碎屑等为食。蚯蚓在土壤中是纵向栖息，口朝下，肛门朝上，有规律地把粪便排积在地面。蚯蚓对光线非常敏感，喜暗怕光，蚯蚓喜温、喜湿和安静的环境，怕噪音和振动、触动。蚯蚓生长和繁殖的适宜温度为15~25℃，高于35℃或低于5℃时生长繁殖受到抑制。超过40℃和低于0℃蚯蚓会死亡。蚯蚓要求相对湿度为60%~80%，人工养殖蚯蚓培养基适宜含水量为35%~55%。干燥时间过长会使蚯蚓体内水分散失严重，引起死亡；湿度过大，也对蚯蚓生长和繁殖不利。

蚯蚓为雌雄同体，异体受精。交配时间约2小时，多在晚上进行。交配后7天左右卵即成熟，落入蚓茧中，精子也从受精囊中逸出与卵结合。每个蚓茧中多含1~3个胚胎，在18~25℃条件下，幼体在2~3周内离开蚓茧，再经50天左右的生长过程即可达到成熟，出现生育环。条件适宜时，蚯蚓每3~5天可产卵1粒，并可持续7~8个月。

3.建池与放养 蚯蚓对养殖场地要求不高，养殖的选址、养殖方式多样，可根据培养规模的大小因地制宜，室外和室内均可筑建，农村可以利用边角闲地，也可以建造较大规模的大棚。一般宜选择粪料丰富、向阳通风、取水排水方便、易于管理的地方。室外养殖有棚式、水泥池和树林中养殖等方式。一般采取在室内外用砖建水泥池，池高40厘米，池长宽任意。为防蚯蚓逃走，池底可铺水泥或将池底泥土夯实。池底稍倾斜，以便排水。室内温度控制在15~30℃，夏季要防水、防晒，冬季要有保温设施。蚯蚓繁殖以15~25℃最为适宜。池内要求放些潮湿肥土，湿度控制在40%（手捏成团，指间出水），酸碱度调节到pH值为7。蚯蚓池底按1立方米加入牛粪的肥沃疏松土壤100千克，牛粪土壤表面铺8厘米厚的青草、瓜皮或水果残渣等，能掺入适量的酒糟则更好。经常洒水使培养料的相对湿度维持在80%左右。将蚯蚓先放置在发酵过的熟土内，然后将熟土和蚯蚓轻轻放入牛粪内，每平方米2 000条。种蚓每平方米可放养1 000~2 000条；种蚓产卵孵出的幼蚓为繁殖蚓，每平方米可放养3 000~5 000条；繁殖蚓产卵孵出的为生产蚓，每平方米放养2万~3万条。

　　小规模养殖蚯蚓可利用废物箱改作养殖箱，不论何种材料制成的养殖箱，四周和底部应在占全部箱壁面积的15%~40%的部分有通气孔，气孔直径7~10毫米，以防蚯蚓从通气孔钻出。养殖箱内投放饵料厚度以20厘米左右为宜，在饵料上方需留5厘米空间。箱上加盖草席或塑料薄膜以保持相对湿度和温度。为了扩展养殖规模可将养殖箱多层堆垒进行立体养殖。养殖箱之间隔不能少于5厘米，以利于通风和箱内蚯蚓的生长繁殖。

　　4.饲养管理　　池底先铺5厘米厚的菜园土，再放入10~20厘米厚的已发酵好的培养料，洒水，使含水量达50%~60%（以渗水为宜）。用1条直径约2厘米的木棍在培养料插戳，留下插孔（每平方米5~6个），以利于通风散热。土要经常疏松通气。如果蚯蚓池内的土壤肥质差，池内可放15厘米厚的粪草混合饵料（60%腐热的禽兽粪加40%稻草或玉米秆）进行喂养，如单纯饲养则以牛粪最佳，鸡粪次之。蚯蚓的食性广，以食大量纤维素有机质为最好。在人工饲养中，应根据情况随时添加一些烂叶、瓜果等有机垃圾，无论添加何种饵料都必须充分发酵，其标准为色泽呈黑褐色，无异味、略有土香味，质地松软不黏滞。据报道，可用造纸污泥或其他产业废物作饵料，其中渗入一定比例的稻草和牛粪，制成堆肥，或掺进活性糟泥(40%)或木屑（20%）。为了达到良好的饲养效果，饵料的酸碱度以中性为佳，过碱可用磷酸二氢铵调整，过酸可用2%石灰水或清水冲洗调整。同时要控制蚯蚓池内基料含水量在30%~50%（手捏蚓粪指缝有滴水含水量约为40%）之间。夏季每天下午浇水1次，凉爽期3~5天浇1次水，低温期10~20天浇1次水。经常洒水保潮湿。

　　蚯蚓生活史分繁殖期、卵茧期、幼蚓期和成蚓期。应根据不同时期的需要，进行饲喂和调整密度，清理蚓粪。蚯蚓有夜间逃跑的习性，尤其是饵料不足、发酵不完全、淋水过多、湿度过高或过低、放养密度过大时，都会导致蚯蚓逃跑。防逃可采取夜间设灯照明或是完全保持黑暗，并改善生长条件。蚯蚓的养殖比较粗放，对环境适应性非常强，在生长过程中很少发生病害，但要注意防止鼠、蛇、青蛙等敌害动物侵入土壤摄食，吞食卵茧为害蚯蚓。鼠喜食蚯蚓卵包，为害尤其严重，堵塞鼠洞和加盖可以有效地防止鼠的为害。为害蚯蚓的害虫有蜈蚣、蚂蟥、蝼蛄、蛞蝓等，它们平时潜伏在阴暗潮湿处，夜晚出来活动，捕食蚯蚓。可在晚上9~10时进行人工捕捉。最好在蚓床周围拦上密网，并在网外围每70厘米放置1包蚂蚁药，使药味慢慢散出。可用0.1%%三氯杀螨醇喷杀，可防蚂蚁、寄生蝇、蜈蚣、蝼蛄、蛇、鼠、青蛙等对蚯蚓的食害。但也要注意杀虫剂对蚯蚓体的危害。

5.自然繁殖 小蚯蚓养至35日龄时成熟，蚯蚓为雌雄同体，异体交尾。成熟的蚯蚓在一般条件下，除了严寒和酷暑干旱恶劣环境之外均可繁殖，以平均气温20℃时为宜。性成熟蚯蚓交配时，2条蚯蚓互相倒抱，副性腺分泌黏液，使双方腹面黏住。交尾时，精液各自从雄生殖孔排出，输入到对方的受精囊至盲管中贮藏，交换精液后分开。交配进行12小时，交配7天便能产卵，每7~10天产卵1次，卵产于茧中，每个卵茧含卵3粒，经20天以后从卵囊中生长出小蚯蚓。为防止卵茧因日晒脱水死亡，可在培养料表面再铺1层厚约1厘米的菜园土，遮盖住卵茧。夏天因阳光照射，培养料容易失水干燥变硬，影响卵茧的胚胎发育，故应经常及时洒水，以保证发育所需的湿度。洒水时间应安排在清晨或傍晚，以免卵茧因温度的突变而影响其胚胎发育。小蚯蚓生长38天便能繁殖，全生育期为60天左右，要勤添蚯蚓最喜食的牛粪等饵料，促进其吃食，使其生长快、产卵多，提高孵化率和成活率。刚孵出的小蚯蚓呈乳白色，2~3天后变为桃红色，长到1厘米时变为红色。

6.采收与利用 当蚯蚓饲养90~120天后，大部分体重可达到400~600毫克。放养密度超过每立方米5 000条时，可取大量成蚯蚓供用（这样同时有利于调节养殖密度），或将成蚯蚓的个体取出饲用。若不及时采收就会出现大蚯蚓萎缩，产卵停止，卵茧被蚯蚓争食的现象。收取成蚯蚓的方法很多，较常用的方法是用锄头或铲等器具翻土、竹筛出土或将粪料挖出抖松，把含蚯蚓较多的团块放在塑料薄膜上，待蚯蚓自行爬至塑料薄膜处时，将上层的粪料再放回培养池中，并将塑料薄膜上较小的蚯蚓拾回粪料中继续培养，采收的同时可将蚓粪清除。此外，也可将容器埋设在蚓粪堆上引诱蚯蚓，使其聚集于容器中，容器埋入蚓粪后，5~8天采集1次，一般可以采集7~10次。捕捉的蚯蚓晒干后可饲喂。若捕捉的蚯蚓要进行加工药用时，应先用温水泡洗去其黏液，再拌入草木灰中呛死，然后去灰，随即用剪刀剖开，用温水洗去内含的泥土，于竹席或木板上摊开晒干；如遇阴雨天应及时烘干。一般6 000克鲜蚯蚓可晒干品（即成中药材地龙）1 000克。

（六）田螺的养殖

田螺是软体动物，属腹足纲、田螺科。田螺为甲鱼、山瑞鳖、龟等动物的优良蛋白质和矿物质饵料。据测定田螺中含有干物质5.2%左右，蛋白质中各种氨基酸的总含量达50.2%，同时还含有丰富的B族维生素，矿物质达15.42%（其中钙5.22%、磷0.42%），盐4.56%，以及多种微量元素。田螺肉可入药，田螺味甘性寒，有清热、明目、利尿、通淋、退黄之功效。

田螺包括田螺和圆田螺两个属，目前市场上销售最常见的、养殖较多的是中华圆田螺（图3-4）。田螺身体外包有螺壳，壳顶尖，壳呈长圆锥形，质薄而坚，光滑或有纵走的螺肋。螺层6~7层，各螺层均外凸，体螺层膨大，螺层间缝合线深，壳面呈绿褐色或深褐色。田螺足为发达的肌肉质，适于爬行，足前方为头部，口位于吻前端的腹面，类似吸盘，用于捕食，齿舌能伸出口外磨碎食物，背面为内脏囊。田螺的鳃为主要呼吸器官，着生于外套腔的左边，水从入水管进去，经鳃从出水管出来，外套膜上也密布血管，故有一定的呼吸作用。

田螺生活于河沟、沼泽、水田及沟渠中缓流的水底，喜栖息在腐殖质较多的

图3-4 中华圆田螺

湿土水域环境中，尤其喜欢生活于有微流水，水深30厘米左右的水域中。田螺对水质要求清新，水中溶氧量要充足。田螺的食性杂，主要以多汁水生藻类植物及浮游微生物、青菜和有机碎屑等为食，在水温20~28℃活动最活跃，且食欲旺盛。田螺怕暑热，当水温超过30℃时，田螺则停止摄食，钻入泥中避暑；当水温达到40℃时，如果没有防暑设施，田螺会被晒死。田螺耐寒力强，冬季气温下降时，田螺能潜入用壳盖钻掘出的10~15厘米深的洞穴中越冬，直至翌年春季水温回升至15℃以上时，田螺从越冬的孔穴中用宽大的足部爬出，进行摄食活动。

1.养螺池饲养　田螺主要分布于东北、华北、中南、华南及西南地区。

（1）建池。较小的湖汊沟港，缓流的小溪及鱼塘、水田都可定为养殖点，在养殖田螺的水中，可种植睡莲、浮萍，插下一些木杆、竹棍，供田螺栖息。养殖田螺，可在水田里，或开挖养殖池，人工挖池时，池底要有一个淤泥层。池面要养殖一些水生植物，如浮萍、藻类等，供田螺食用。同时，在池边四周适当种上些水花生，作田螺栖息歇荫之用，并在水下放些木条、石头之类的栖息物。

（2）投放。每年的3~10月为田螺的放养繁殖期，放养密度按大小分类，分养于大小不同的养殖水池里。在自然水域中，每平方米放养20~30只种螺；在新辟的专养池中，每平方米投放130只左右。放养密度，可视养殖的情况而定，如在池塘、水田等水域养殖田螺，一般以稀养(每亩600~700只)为宜，但在自开的养殖池养田螺，因池水瘦瘠，饲养密度可适当加大，每亩投入种10 000~12 000只为宜。水不宜太深，以1米为宜，池底需备一层淤泥。

（3）投料。田螺食性杂，爱吃藻类、腐殖质、蔬菜叶、动物尸体、麸皮、米糠等。如果是在比较肥沃的大田或池塘等水域饲养，一般不需要专业投料，但在比较瘦瘠的新池养殖，则需要投喂一些诸如菜叶、瓜叶、麸皮、米糠类的饵料。冬季在水槽内饲养越冬，水源为温泉水，水温保持在27℃，以卷心菜、莴苣等蔬菜为饵料。

2.稻田养殖

（1）放养田螺的稻田选择。养殖田螺应选择水源充足、水质清新、无污染的稻田。田螺的耗氧量高，对氧气需求量大，所以田螺生活的水体中含氧量要充足，要有微流水注入田中。还要求稻田里腐殖质含量多，田底淤泥层厚。也可在养殖黄鳝、龟鳖的水稻田中直接放入田螺繁殖，使之成为黄鳝、龟鳖等水产动物的活饵料。

（2）放养螺种。稻田放养的螺种可到市场上选购或到池塘、河边、湖边捞取。稻田放养的田螺要选择个体大、活力强、外形圆、肉多壳薄、螺纹少、色泽灰黑者作为种螺。人工饲养根据田螺的生活习性可利用稻田和池塘生态环境进行养殖，尤其田螺在稻田、茭白田、莲藕田、荸荠田等水田良好的生态环境中养殖易饲养。水田养殖密度一般每亩6 000~7 000只田螺。稻田养殖条件好的，密度可适当加大，每亩以放养10 000只为宜。养殖田螺一般都与常规鱼类混养，鱼的品种可选择草鱼、鳊鱼为主。放养螺种前，稻田需要消毒，并且施足腐熟的有机肥作基肥来培育基础饵料。

（3）饲养管理。

1）水质调控。田螺对水质要求较高，养殖田螺的稻田水质要求清新，并有微流水。田螺对水中的溶解氧反应敏感，当含氧量低于3.5毫克/升时摄食不良；低于1.5毫克/升时开始死螺。若用泉水或井水灌溉稻田养殖田螺，由于这些水体中溶解氧极低，对田螺的生长和繁殖不利，需要经常向稻田注入新水，使田水不断流动，可以增加水体中溶氧量和天然饵料，并能调节水温。田螺对农药极为敏感，因此养殖稻田不能施放农药，一旦发现水质污染应立即注换新水，以保持水质的肥、活、爽（水质良好）。

2）投饵。田螺食性杂，可在稻田中吃水生植物叶子及藻类、腐殖质、小动物尸体等。在肥沃稻田中，养殖田螺一般不需要专门投料，但在较瘦瘠的稻田或在稻田中高密度饲养的条件下，天然饵料远不能满足田螺的摄食需要，必须补充投喂一些米糠、菜屑、瓜叶、麦麸、稻草及动物尸体等。也可投喂人工配合饵料喂养。配方是：玉米和鱼粉各20%，米糠60%。因田螺用齿舌舔饵料，投喂的饵料需用水浸泡变软。配合饵料喂养效果更好。田螺投饵量可根据田螺吃食情况和水质状况灵活掌握。一般每3~4天投喂1次饵料，每次投喂量为稻田中放养田螺总重量的1%~3%。5月至8月中旬为雌螺产卵期，其食欲急增，若田螺的介壳口圆片盖陷入壳内，说明其饵料不足，需要及时补充饵料量；若田螺的介壳口圆片盖收缩，肉质溢出，说明田螺身体缺钙质，应及时在饵料中增加淡水鱼粉、贝壳粉等。田螺最适合在20~26℃生长；当水温低于15℃时，田螺进入冬眠；当水温高于30℃时，摄食量减少，不需要投饵。

3）稻田日常管理。在饲养管理中，稻田放养田螺后，一般要求田中水位保持在20~30厘米，每周换水2次。坚持每天巡田观察水质，在鱼塘养殖田螺察看生长情况的同时，一旦发现水质污染立即排水，重新注入新水，以保持水质清新。田螺可借助强大的腹足在水边及田埂边活动。稻田养殖田螺不能施放农药，也不能犁耙；同时稻田需要修建好注水口和排水口，并安装铁丝或尼龙密网设施，防止田螺随水流成群逃逸。此外，饲养中还要防止鸟、鼠的为害。

3.水域养殖

（1）养殖水域的选择。根据田螺的生活习性，田螺人工养殖应选择在小湖汊、沟、港、小溪、鱼塘和茭白、莲藕、荸荠等水田养殖。

（2）养螺池改造。养殖田螺放养密度可视具体情况而定，在自然水域中，每平方米放养20~30个种螺，选择较小的湖汊、沟、港及缓流水域，也可利用小溪及鱼塘和茭白、莲藕、荸荠等水田作为养殖点，但水不宜过深，一般水位保持20~50厘米，不能超过1米，以稀养为宜（每亩600~700只）。螺池规格一般宽1.5~1.6米，长10~15米，也可以地形为准。池底需要垫上一层淤泥，池四周作埂，埂高50厘米左右，池子两头设进出水口，需在进水口和出水口安装铁丝密网设施，防止田螺随水流逃逸。在养殖田螺的水中，田螺在鱼塘、水田的微流水中养殖，可种植水浮莲、水花生、浮萍，插下一些木杆、竹棍，供田螺栖息和夏天避暑之用。

（3）田螺放养。在自然水域中投放的密度一般为每平方米100~120只，同时每平方米套养夏花鲢鳙鱼种5尾左右。田螺放养时间一般在3月，可按亲螺、稚螺分别饲养于不同大小的水池中。

（4）饲养管理。

1）施肥投饵。田螺属于杂食性动物，摄食水中微生物和有机物或水生植物的幼嫩茎叶等。田螺喜夜间活动，故夜间摄食旺盛。养殖池先投施些粪肥，以培养浮游生物，为田螺提供饵料。施肥量视螺池肥瘦而定。田螺入池后，投放青菜、米糠、鱼内脏或豆饼、菜饼等。青菜、鱼内脏要切碎与米糠等饵料拌匀投喂，菜饼、豆饼等要浸泡变软，以便摄食。投喂量视田螺摄食情况而定，一般以田螺总质量的1%~3%计算，每2~3天喂1次，投喂时间在每天上午。投饵位置不必固定，但饵料应隔开投放，当温度低于15℃或高于30℃时，不必投饵。

2）水质调节。田螺对水质要求很高，螺池要经常注入新水，以调节水质，保持水质的肥、活、爽，可以增加水体中的溶解氧含量和天然饵料，并能调节水温。田螺对水中溶解氧反应灵敏，水体含氧量低对田螺生长繁殖不利。尤其是高温季节采取流水养殖效果显著。螺池水深需要保持30厘米左右。再者要注意调节水体酸碱度。当pH值偏低时，可施生石灰调节，每隔10~15天撒1次。

此外，饲养中还要经常检查，防止鸟、鼠等敌害动物的入侵为害。

4.繁殖技术 田螺为雌雄异体，在田螺群体中雌螺一般多于雄螺，体积上雌螺也往往大于雄螺。雄螺的右触角向右弯曲（为生殖器官），而雌螺的触角无这种弯曲。田螺在每年的3~4月开始繁殖，交配时，雄螺向雌螺宫内分泌精子，每只雌成螺每次可产仔螺20~30只，4龄以上的田螺可产40~50只，经过14~16个月可以再次繁殖。1只母螺全年产出100~150只仔螺。

田螺是一种卵胎生软体动物，其生殖方式独特，田螺的胚胎发育和仔螺发育均在母体内完成。从受精卵到仔螺的产生，大约需要在母体内孕育1年时间。田螺为分批产卵，每年3~4月开始繁殖，在产出仔螺的同时，雌、雄亲螺交配受精，同时又在母体内孕育翌年要生产的仔螺。亲螺、稚螺的饲养管理按大小分类采取不同的方法。

5.捕捞方法 田螺经1年的精心饲养，当年孵出的仔螺也可达到5

克以上规格，一般个体达10克以上即可捕捞上市。捕捞田螺时，力求避开每年的6月上旬、8月中旬、9月下旬，此为田螺怀胎产仔繁殖高峰期，以利于田螺的高产增收，捕捞时有选择地摄取成螺，留养幼螺和注意选留部分母螺，以便自然补种，为翌年繁殖仔螺做准备，雄螺体大而长，雌螺体大而圆。要适当多留些雌螺，以利于其繁殖。因此，应避开繁殖高峰期捕捞田螺。田螺捕捞每年分3~4批，以12月至翌年2月采收的田螺肉质最佳。捕捉田螺的方法较多，捕捉少量的田螺可用手抄网捕、徒手下田或沟捕捉、投饵诱捕，或在夏、秋高温季节，选择清晨、夜间于岸边或水体中旋转的竹枝、草把上拣拾。如需捕空，可在早晨或傍晚排水干池拾取装盆供食用、药用和饲用，或用普通竹篓、木桶等盛装，也可用编织袋包装，在运输途中要保持田螺湿润，防止暴晒。

第四部分 水蛭种苗的引进

一、 水蛭种苗的来源

　　水蛭种苗的来源是解决人工养殖好水蛭的关键。多年来，我国药用水蛭的种蛭绝大多数是野外采集而来做种驯养或采集水蛭卵茧自己繁殖，养殖规模较大的需要种蛭量大，可从养殖场人工引种饲养。

（一）野生种蛭的采集与驯养

　　人工养殖水蛭规模不大的可捕捉本地野生水蛭作种苗，可在夏季到水田、河沟和溪流中用下列方法捕捉。采集时间通常在4月上旬至5月上旬，野生水蛭活动频繁时捕捞种蛭。可利用水蛭的捕食习性诱捕。

　　（1）用稻草捆扎成50~60厘米的束，前后端涂抹上畜禽或其他动物的血，然后将稻草捆放入有水蛭的水中。

　　（2）用剖成两半的竹筒，除去中间的疤节，将畜血涂抹于竹筒内，再将两半竹筒绑捆成原来的形状，插到水田角，让水淹没。水蛭闻到血腥味就会到竹筒内吮血，次日早晨捞取竹筒中的水蛭。

　　（3）将一只大河蚌烫死后用一条长绳系住蚌壳，投入有水蛭的水田或池塘中，不久水蛭就来摄食而被捕获。

　　（4）将畜禽鲜血涂在丝瓜络或废棉絮内，待血凝固后放入水蛭活动的池塘或水田中，约5小时后捞起可捕获水蛭。

　　（5）灯光诱捕，水蛭有趋光习性，晚上用抄网捞取水蛭。

　　也可以购买野生水蛭作为种源进行人工繁殖蛭苗。但因水蛭有两种不同习性："家性"与"野性"，对于自己捕捞或购买进来做种源的野生水蛭，进行人工自繁必须经过周期性驯养、培育。因此，要注意以下几点：首先要进行体外消毒，精选种龄，强化驯养，要求达到与家养习性一致，种群年龄整齐一致，水体环境一致，这样才能适应人工养殖。否则，种群年龄混乱，野性不稳定。因野生水蛭的收集不在同一个水体环境下进行，有的在稻田、有的在池塘、有的在静水湖泊中，这些不同来源的种蛭对水质、流量、水深的要求都不同，如把这些来源不同的水蛭都集中在同一人工养殖池里饲养生活，必将有一个习性的适应过程，因此，从事水蛭人工养殖的养殖场（户），必须慎重对待这个问题。

（二）卵茧孵化繁殖种苗

养殖场（户）可以自己采集或购买水蛭的卵茧，进行人工孵化繁殖种苗。一般在每年的4月初至5月中下旬，水蛭通常在池塘、沟渠、湖岸边浅水或岸边土块、枯枝落叶下交配，卵茧常产在池塘、河边离水面20~30厘米、离地面2~10厘米的小洞里，可沿小洞向内挖取，即可采集到泡沫状的水蛭卵茧。在采集水蛭卵茧时要十分小心，不能用力夹取，否则会损伤卵茧内的胚胎。采集到的卵茧应及时轻放到塑料泡沫箱等采集容器内或直接放到孵化器内。孵化器可采用普通的塑料盒、木盒等容器，规格大小应视放卵茧量的多少来确定。在采集水蛭卵茧容器里先放一层1~2厘米厚的沙泥土，沙泥土的含水量在40%~50%。将卵茧有小孔的一端朝上，整齐排放到孵化器内，表面再盖一层或几层潮湿的纱布，以增加孵化器内的湿度。在孵化器的外面用塑料袋(可用食品塑料袋)包裹严实，防止孵化器内的水分蒸发。这样经过20天左右，可自然孵化出幼蛭来。通过采集水蛭的卵茧进行人工孵化，也是大量获取水蛭种源的简单易行的方法。

引进卵茧时，要求卵茧个体大、有色泽，光滑，整体饱满，卵茧出气孔明显，茧形无缺，以每千克约800个茧为标准。刚产的卵茧为洁白椭圆形，似蚕茧状，约2小时后呈粉红色，经5天左右呈棕褐色。幼苗的颜色有差异，以深紫红色为成熟型幼苗，卵茧内奶白色小块(即乳液)基本以干为标准，茧体壁软且无弹性。

（三）水蛭种苗引入

人工引种是初养者从已经饲养成功的养殖户或养殖场(基地)购买水蛭的一种措施。在引种时应谨慎选择品种，要严格挑选符合中药材标准的种类进行饲养，减少盲目性和不必要的经济损失。水蛭种源引进，应掌握个体大、健壮、无伤、有活力，要求体重每条20克以上，背部纵纹清晰，淡黄色。严格要求种龄一致，用手抓捕即呈有力小球。引种时不能盲目，要仔细选择优良品种。

目前，饲养最广泛的是日本医蛭、宽体金线蛭和茶色蛭。但不管选用哪一种水蛭进行饲养，都要对原饲养场地进行调查分析，并与自己已建好的饲养场进行对比，得出是否适合饲养的结论。

健康的水蛭不但成活率高，抗病虫害能力强，而且繁殖力也旺盛。引种时，最好从就近单位选择优良品种。如从外地引种，最好和有关科研部门取得联系并咨询，取得指导和帮助，减少不必要的损失。

二、 水蛭引种的注意事项

（一）引种要符合中药材水蛭的品种

在引种时要挑选中药材水蛭，如日本医蛭(又称线蚂蟥)、宽体金线蛭(又称蚂蟥)、尖细金线蛭(又称柳叶蚂蟥、茶色蛭)等。各地均有分布，其中以宽体金线蛭在中药材中用量最大，目前最具有养殖价值。

（二）就近引进优良品种

就近引进优良品种便于运输和取得原场的指导和帮助。要与供种方签订合同。如在异地购种，必须掌握训练水蛭快速适应生活环境的方法，以减少不必要的损失。

（三）做好选优培育

从野外采捕或购入的种蛭都要选优淘劣后再投放养殖，以提高种蛭的质量。

（四）引种时间

引种季节一般在春夏之交，这时气温上升，水蛭活动频繁。引种最好选在雨天，气温25℃左右时将种蛭个体放进池塘养殖，成活率可高达90%以上。本季节引进种蛭到池塘饲养，经过当年培育，可充分适应新环境。再经过保种越冬，翌年春季即可交配产下卵茧，既能提高种蛭的成活率，又能提高水蛭的养殖产量。

（五）注意安全运输

水蛭除冬季外，春、夏、秋三个季节均可运输，夏季运输时必须有降温措施，才能使水蛭安全到达放养池。

三、 种蛭消毒与隔离

种蛭体表会带有病菌，所以无论是从野外采来的种蛭或是从外边引进的水蛭种源，种蛭在放入繁殖池前都要进行隔离、消毒处理，以免感染疾病传播造成成活率降低，甚至全部死亡。

（一）药物消毒

蛭种在放养进入隔离饲养池之前，必须对其进行消毒，以防疫病传播。常用的消毒方法是药浴法，一般用漂白粉消毒养殖池，具体消毒方法是在清洁水中投入漂白粉，配制药液浓度为8~10毫克/升，水温15~20℃时消毒20分钟左右；或用0.5%~1%福尔马林消毒溶液，将水蛭清洗一遍。也可用其他消毒液清洗5~10分钟，消灭水蛭携带的病原体。然后移入隔离池或暂养池暂养。

（二）隔离饲养

将自野外采集来的种蛭或新引进的种蛭，经过消毒后需要放入单独的饲养池中隔离，进行暂时饲养。蛭种暂养密度为每平方米投放2~3千克，经过3~5天的观察，游动活泼，无异常反应，无死亡、厌食、打蔫、体态变暗、失去光泽和弹性等现象。当排出的粪便正常，确认无病态时，早放养的便可移入正常的饲养池与其他水蛭池中的水蛭混养。

四、　水蛭的运输方法

（一）干法运输

种蛭尤其是幼蛭比较娇弱，安全运输到达目的地放养与其成活率关系很大。运输幼蛭常采用干法运输，即不带水的运输方式。此方式用水少，占容积的空间相对水蛭较小，避免水蛭互相挤压且节省运输费用，也便于搬运。装运水蛭常用泡沫箱类容器。先清洗容器，将其浸湿。水蛭的运输相对比较简单。幼蛭运输时将水浮莲等水草洗干净后放在泡沫箱内，不带水运输。箱内放上水草，在泡沫箱口用透明胶带封好，为防止水蛭缺氧要在箱盖上打几个小孔，小孔边涂上一层牙膏，以防水蛭幼苗爬出箱外，即可打包运输。运输中箱盖小孔不能盖住，以防空气流通受阻。

运输时种蛭要用50厘米高的塑料方箱，干放为宜，严禁挤压，运输途中要轻拿轻放，尽量保护水蛭体外保护膜不受损伤；箱口涂上层牙膏，以防种蛭运输中爬出箱外逃逸。

（二）半干法运输

运输水蛭卵茧常用半干法运输，装运水蛭卵茧容器采用泡沫箱、塑料桶、塑料盆等。如用泡沫箱装运或用塑料桶运输水蛭卵茧，在装运前应将容器清洗干净，然后小心排放一层水蛭卵茧。如果运输卵茧多，可在已经排放好的卵茧上面覆盖一层潮湿的纱布或水草，一层卵茧一层湿纱布或水草，可放三层卵茧，以防卵茧受到挤压。运输的箱盖上只要开有通气的小孔即可运输。

运输途中每隔3~4小时要用清水淋一下，以保持水蛭体表湿润，利于正常呼吸，暑天运输还能起到降温作用。

种蛭运输到达目的地后不得直接将水蛭投放到养殖池塘里，因为在运输过程中水蛭自身将产生一层黏膜作为保护层，应在池塘周边选择一块阴凉潮湿的地方，对个别吸附在运输容器器壁上的水蛭不能强拉，以防损伤水蛭吸盘，将水蛭分散放到池旁，用一层湿土覆盖，让其自行爬进池塘(水中)，以减少死亡。

第五部分　水蛭的人工养殖模式

　　水蛭易饲养管理，可以选择池塘、沟渠、水田等水体放养，也可人工建造饲养池来饲养水蛭。

一、池塘养殖水蛭

池塘养殖水蛭是一种大规模的生态养殖方式。水生植物茂盛的池塘底层有机物和腐殖质含量多，浮游生物及水生动物丰富，只要加强管理，经常巡逻，定时适当补充饵料，密度过大时适当捕捞，并建好围栏即可放养水蛭。

一般情况下，采用粗放的大塘养殖，水蛭成活率不高。比如一个几亩的大池塘，放养几千只水蛭苗。饲喂比较麻烦，满池塘都撒饲料，浪费且污染水源；因为水蛭喜欢群居，不能保证每条水蛭都能吃到食物。同时，管理难度大，水蛭易出逃，单位面积产量低。另外，通过对自然界几种不同生存环境的水蛭调查分析，生长在软烂河泥池塘里的水蛭没有在河底坚硬池塘里的水蛭生长速度快。实践分析推测，水蛭在坚硬的地上爬行会促进消化。

（一）池塘的选择与建造

应选择背风向阳、水源充足、排注方便、保水且无污染、肥力好的弱碱性底质水域，建造水蛭养殖塘。池塘面积以150~250平方米为宜，池塘深度70~150厘米，水深40~50厘米。池塘四壁需要用砖或者石块砌，或者用三合土夯紧，池塘底部也要夯实无漏洞。整个池塘要求相对平坦，最好略向排水口倾斜，以便于进出水，方便水体交换和清塘。进水口和出水口要安装80目尼龙网或者细密铁丝网等设施，防止水蛭随水流走或成群逃逸。

（二）清塘与施肥

放养水蛭前要用生石灰或者漂白粉清塘，清塘1周以后方可灌注新水至20厘米深。随后按每平方米施足2千克畜禽粪便等基肥，培肥水质。后用肥水培育水蛭的天然饵料。水蛭养殖过程中需要根据水质肥瘦程度及时追肥。

（三）放养蛭苗

施足基肥2周后，水体中生有大量的水蚤等浮游生物，把池水加到50厘米深即可放养蛭苗。对一般农户来讲，可建造2~3个池塘。1个20平方米的池塘可放养2万只蛭苗。水质好、天然饵料丰富的池塘可适当增加蛭苗的放养量。

（四）饲养管理

1.投饵　一般蛭苗放进池塘饲养后，每隔30~40天要追肥1次，每次追肥量为每亩60~75千克。池塘水体透明度控制在15~20厘米，水色以黄绿色为好。人工投喂的饵料主要是切碎的螺蛳肉、蚌肉、蝇蛆、杂鱼和动物的内脏、猪血粉、蚕蛹粉等动物性饵料，以及谷类、麦麸、豆饼、新鲜瓜果、蔬菜屑等。往大塘里投放饵料，水底下、水中层和水面上都要投放，确保所有蛭苗在每个地方都能吃到食物。一般每天投喂2次，早晨6~7时投喂70%的量，下午1时投喂30%的量。当水温高于30℃或者低于15℃及雷雨天气时，水蛭的摄食量减少，不需要投饵。

2.日常管理　水蛭在投放到池塘中饲养后要控制好池塘的水位，高温季节要适当加深。要求水位保持在20~30厘米，每周换水2次。夏季高温时每天或者隔天换水1次。坚持每天巡查观察水质。要求塘中水体肥、活、爽，溶解氧含量要充足。一旦发现水质被污染应立即排出污染水，重新注入新水，以保持水质清新。此外，还要防止水鸟和鼠类等的为害。

二、 沟渠、池沼养殖水蛭

（一）养殖前的准备

利用自然的凹地、沟渠和池沼（图5-1），或者在田边与房屋前后开挖水沟，进行水蛭养殖。放养前将其周围的杂草铲除并清理干净，排干水、暴晒后，按每平方米0.3千克生石灰的量，将生石灰溶解于水中，然后趁热泼洒消毒，再次清洗后即可注入清水冲洗。水池底部放入一些石块、瓦片等。在池底及其周围栽植水葫芦等水草，作为水蛭附着栖息或隐藏遮阴的场所，但水草的覆盖面不宜超过水面的1/3。放养水蛭前用2%的生石灰拌入牛粪或鸡粪中，发酵后按每平方米0.3千克撒入沟渠、池沼中，养水10天后，待水中的浮游生物，如水蚤等大量出现时才能投放蛭苗。放养蛭苗后，如发现水质太清，可在水体中多栽植一些水生植物。

图 5-1　沟渠、池沼

（二）放养水蛭

放养蛭苗时的水温以20~30℃为宜。投放蛭苗应有适宜的密度，日本医蛭2月龄以下的幼体每平方米可放养1 300~1 500条，2~4月龄每平方米为500~1 000条，4月龄以上每平方米500条左右。个体较大的水蛭品种，可适当减少放养数量，投放量应根据沟渠、池沼具体条件、养殖的水蛭品种与水蛭的生长状况而定。

（三）投喂饵料

不同品种和不同阶段的水蛭食性不同，如放养宽体金线蛭和柳叶蛭，主要吸食水蚤、河蚌、蚯蚓、田螺等的体液和腐肉，有时也吸食水面上或者岸边的腐殖质。日本医蛭以吸食动物血液为主。幼苗期间每年4月中旬至5月中旬，每半个月向水面泼洒猪血和牛血供小水蛭吸食。成年水蛭可在5月下旬1次性投喂饵料，如螺类、贝类、蚯蚓、草虾等。上午8时、下午6时各投喂1次，每周要投喂2次动物血块。通常水蛭的日食量为其体重的5%左右。投喂的饵料要求新鲜、清洁，严禁投喂腐烂变质的饵料，并且要做到定点定量。

（四）管理

要合理调节沟渠、池沼的水质，保持一定的肥度，但又不能过肥，过肥时水体容易缺少溶解氧。要使水体清、活，溶解氧含量要充足。在沟渠、池沼养殖水蛭，每周应换水1次。池沼养殖水蛭应有微流水，并且要每月补充1次新水。池沼水体温度应保持在15~30℃，低于10℃时水蛭停止摄食。水温高于35℃时水蛭则表现出烦躁不安或寻机逃逸。

保持水边土壤湿润，特别是在4~5月水蛭正处于繁殖季节，即水蛭交配产卵时需要经常向水边土壤喷水，保持水边土壤湿润，防止水边土壤干燥和板结。

经常巡查水蛭的活动、摄食、生殖、健康等情况。在阴雨天注意巡视水堤设施是否完好，防止水蛭大量逃逸，还要防止蛙及蛇及鼠类来捕食水蛭。水蛭耐寒，一般不易冻死，气温低于10℃时即停止摄食，5℃以下钻入泥土中越冬。水蛭越冬前应多喂些动物内脏、活虫等营养丰富的新鲜饵料。同时，适当提高沟渠、池沼的水位，并在水边加盖一些草苫、作物秸秆，以利于水蛭自然越冬。应做到勤巡查，及时发现问题、解决问题。

三、 水泥池养殖水蛭

人工养蛭效果与其养殖场地的环境关系密切，要根据水蛭在自然界的生活环境、生活习性，选择清静的良好水源、天然饵料充足的地方作为养殖场所、建造养殖池，为水蛭提供良好的生长和繁殖环境，有利于水蛭的生长和繁殖。

（一）选址与饲养池建造

1.选址 要根据水蛭生活习性选择环境条件优越的养殖场址，有利于水蛭的生长和繁殖。

（1）地形的选择：水蛭的养殖场址应选择背风向阳处，保证春、秋季可增加光照时间，延长水蛭的生长期；冬季可防风抗寒，使水蛭能安全越冬。同时，优良的环境，夏季既可以防暑，又可以增加动植物的活体数量，为水蛭提供充足的天然饵料。

（2）水质良好，排灌方便：养殖池水源要充足，保证旱时有水，涝时不淹。切忌含氨和被污染的水流入。池水要求肥、活、爽，养殖池的水位应能控制自如，排灌方便。周围没有农药、化肥及工业污染。要求做到旱能灌，涝能排。尤其要防止洪水的冲击，以免造成不应有的损失。

（3）土壤选择：不同种类的土壤，其pH值、含盐种类及数量、含氧量、透水性和含腐殖质程度往往有所差别，对水生生物的生长带来影响。土壤一般分为砾质土、沙质土、黏质土、壤土和腐殖土五个类型。池底土质可用砾质土、沙质土，池底土质应比较坚硬，有较丰富的有机质，或池底土质使用腐殖土。如果池底漏水，最底层还应用黏土夯实。

图 5-2　水泥池

（4）交通方便，保证电力供应：交通方便可给产品和饲料的运输带来便利，同时可节省时间，减少交通运输上的费用开支。除日常照明外，加工饲料、水蛭产品等都需要用电，应能保证电力供应。

水蛭养殖场地根据上述水蛭生活习性和对养殖环境条件的要求，结合当地的客观条件，可以选择池塘、沟渠、荒地、老厂房、家前屋后空闲场地。选择避风向阳、水源充足、排灌方便、天然饵料丰富，以及周围没有农药、化肥及工业污染而且清净的地方作为场址。

2.水泥池的建造　小规模养殖可在房前屋后挖沟，长度依地势和

图 5-3　水泥池养殖水蛭

饲养管理的方便性而定。大规模养殖可利用水泥池塘，池塘宜小不宜大，以便于管理，并依据不同用途建造水蛭养殖池。

（1）养殖池的建造：水蛭养殖池一般可以用水泥、砖等建成，也可以在地面上建，四周用塑料膜隔离（图5-4）。建造养殖池一般以南北方向为宜。不同阶段的水蛭对饲料的要求和饲喂的难易不同，分级饲养能保证提高幼苗成活率，最终实现较高的经济效益。因此根据不同用途，水蛭养殖池一般分为3个养殖池，关键是便于管理。

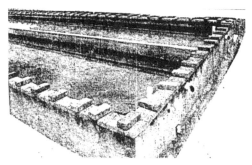

图5-4　水蛭水泥池养殖

1）幼蛭精养池。刚孵化出的水蛭由于开口吃第一次食物很困难，所以必须对其进行精养，一般时间为1个月。因此，幼蛭精养期间，要建幼蛭精养池，一个10平方米的池能喂养幼蛭20万条。

2）青年蛭养殖池。这个阶段水蛭已经长至7厘米左右，饲喂相对比较简单，可放入青年水蛭养殖池，直至水蛭成品出售。

3）水蛭养殖池。水蛭养殖池可在房前屋后挖宽3米、深1米，长度不限的水池，或利用池塘、水沟及低产田等挖沟起埂，成连沟式的养殖场，沟宽3米、埂宽40厘米、高80厘米，保持水深60厘米。两头分设进水口和排水口，并应设置细密丝网以防水蛭外逃。为便于水蛭的栖息和产卵，池底放些不规则的石块或树枝，水池中间应建高出水面2厘米的土平台5~6个，每个平台1平方米左右。平台保持湿润，平台的土质是含腐殖质的疏松土，以便于水蛭栖息、产卵。因为水蛭一般在土里产卵，所以要把即将产卵的水蛭放入产卵池。

（2）种蛭池要求：种蛭养殖池水面以30平方米为宜，建成正方形，边长为5米或6米，种池四周靠池壁设1~1.5平方米的4个平台，池中间水深0.5米，每个平台高出水面2厘米，保持湿润。平台上的土为含腐殖质的疏松沙土，以便于水蛭栖息产卵(切忌用黄黏土)。平台平时要防止干旱。雨天种蛭池要设防逃沟，防逃沟可用砖石砌成，沟宽12厘米，高8厘米，下雨时用密网拦住或撒些生石灰，以免影响繁殖。

3.水泥池的脱碱与消毒　对新建好的水泥池，池底和墙壁都要泼洒2%生石灰消毒，浸泡1~2天后换上新水即可。加满水后，按每立方米水体1千克的比例加入过磷酸钙，浸泡2~3天。每天搅拌一次，然后放掉旧水换上新水后，即可投放种苗。假如新建水泥池，急需投放种苗，可使用番薯、马铃薯等薯类擦抹池壁，然后再涂上一层烂泥土，浸泡1天即可脱碱。对已饲养过水蛭的水泥池，第2年再利用其进行养殖前，最好把刚出窑的生石灰用水化开后进行全水泥池泼洒消毒。

（二）水蛭放养前的准备

水蛭放养前用2%的生石灰拌入牛粪或鸡粪中发酵后，按每平方米0.3千克撒入池水中。养水10天后，待水中浮游生物如水蚤等大量出现时才能放养水蛭。放养水蛭时的水温以20~30℃为宜，水深应控制在25厘米左右。放养后，如发现池水清瘦，可在水面上种植水葫芦、水浮莲等水生植物。

（三）放养水蛭

放养水蛭苗宜选择宽体金线蛭和茶色蛭，个体体形肥大，食性杂，易饲养，生长快。要求每条体重12克以上为宜。选择活动力强，体表光滑，颜色鲜艳，无病态残伤的苗。饲养宽体金线蛭时，幼蛭体长2厘米左右，一般每平方米水面放养70~100条，不宜过多，以防池水供氧不足，以及个体间争夺饵料和空间。需要注意的是，水泥池不适宜种蛭进行自然繁殖，因此，水泥池不宜放养种蛭。

（四）饲喂

水蛭的饵料比较广泛，主要取食河蚌、田螺、蚯蚓、水生昆虫等体液和腐肉。人工养殖水蛭，为了促进水蛭的生长发育，需要投喂各种饵料。幼蛭主要食水生小动物，因此可捕捞小鱼、虾、水蚤、水生昆虫和水蚯蚓等进行投喂。随着蛭体的生长发育，可投喂绞碎的动物内脏，也可配合投喂猪血拌豆饼或者动物血拌些麸皮、草粉等饲料。投喂的饵料要新鲜，腐败变质的饵料不能投喂，同时要做到定时投喂。每天固定在上午8时和下午6时，分别投喂饵料1次。投喂时将饵料放到竹筛或簸箕上，固定在水池内距水面20厘米处。水蛭日食量一般为其体重的5%左右，可根据实际情况灵活掌握。饲喂后要及时清除饵料残留物。

（五）管理

1.**水质**　水蛭对水质要求不严格，但进行池养时由于水体较小、高密度养殖，水质容易变坏。为了保持池水清新，有一定的溶解氧含量，需要每周换水1次，每次换水1/3。先将水池底下的脏物抽吸掉，然后加等量的新水，使池水保持30~50厘米的透明度。养蛭应控制水体温度，一般宜保持在15~30℃，水温控制在25℃时水蛭生长良好；若水温低于10℃，水蛭停止摄食；水温在35℃以上时影响水蛭生长。因此，夏天炎热季节要在养殖池中种植水生植物，在养殖池的周围栽树遮阴，防止强光照射。

2.**日常管理**　晴天水蛭一般不会逃逸，但在雨天池水满时会随流水逃出。因此，要在池埂设防逃网。防逃网用砖砌成，沟宽12厘米，高8厘米，一半埋入土中，下雨天使用密网拦住，或在沟内撒些石灰，可防止水蛭随水逃出。秋季气温下降，水蛭便潜入深水中，此时需要加深池水。水蛭越冬时可在养殖池遮盖稻草等物保暖，有助于水蛭安全越冬。对种水蛭来说，可集中到塑料薄膜大棚内越冬，半月投喂1次饵料，这样种蛭可正常生长和活动，待气温回升时即可交配产卵繁殖。

每天要巡池2遍，严禁水蛭的天敌动物如乌鱼、鳝鱼、水鸟、田鼠、蛇等进入养殖池。

四、 网箱养殖水蛭

　　网箱养殖水蛭具有放养密度大，网箱设置水域选择灵活，单产高，管理方便，捕捞容易等优点，是一种集约化的养殖方式。

　　网箱分为苗种培育网箱和成蛭养殖网箱。水蛭种苗培育网箱由聚乙烯机织网片制成，网目大小以水蛭不能逃出为准，适于设置在池塘、湖泊、河边等浅水处。箱体底部必须着底泥，箱内填10~15厘米泥土。箱体面积以20~25平方米为宜，高度视养殖水体而定，使网箱上半部高出水面40厘米以上。网箱要设箱盖等防逃设施（图5-5）。

图5-5　小水面浮式网箱养殖水蛭

（一）放养

　　苗种网箱放养密度一般每平方米放养3万条，成蛭网箱每平方米放养2 000条。蛭种入箱入池前选用3%的食盐水浸泡15分钟左右进行消毒。此外，放养密度要根据养殖水体条件适当增减。水质肥、水体交换条件好的水域可多放；反之，则少放。

（二）放养管理

网箱养殖水蛭以人工投饵为主。投喂的饵料及方法和池塘养殖的方法相同。可投喂蝇蛆、蚯蚓、蚌肉、小杂鱼、动物内脏等下脚料、鱼粉等动物性饵料，以及麦麸、米糠、豆渣、饼类等植物性饵料，或人工配合饵料，每天上午、下午各投1次。日投喂量为水蛭体重的5%~10%，视水质、天气和蛭苗的摄食情况灵活掌握。当水温在15℃以上时，投喂量可逐渐增加；水温为25℃左右时水蛭食欲特别旺盛，投饵量要增多。但气温超过30℃或低于15℃及梅雨天可不投饵料。还需要根据水质情况合理施肥。此外，网箱养殖水蛭要勤刷网衣，保持网箱内水体流通，溶解氧丰富，并使足够的浮游生物进入网箱，为水蛭提供丰富的天然饵料。要经常检查网衣，有漏洞要立即修补好，定期用生石灰对网衣进行消毒，搞好蛭病防治工作。

五、 农村庭院养殖水蛭

（一）建池

养殖池地势应朝阳，且水源可靠，环境无污染，管理方便；场地要求土质好，池壁挖陡，四周夯实，用三合土护坡，不渗漏。面积一般为100~200平方米，深度1米，保持水深40~50厘米，池底铺25~30厘米肥泥，以供水蛭钻潜栖息。为排灌自如，池子需要建有进水口和出水口，同时安装拦网如铁丝网等，防止水蛭逃逸。也可利用农家闲散的池沼、洼地、坑塘等水质肥、易管理的地方建池养殖水蛭。

（二）清池消毒、培肥水质

一般每亩用50千克左右生石灰消毒，注入新水，并适当施些粪肥。一般每平方米池底用拌匀的畜禽粪2千克、杂草堆肥2千克、米糠50克拌匀，太阳晒干后铺，然后注入新水20厘米，以便培肥水质，繁殖天然饵料。待7天左右药性消失后，即可再次注水，把水体加深到40~50厘米，即可放养蛭种。

（三）放养蛭种

每平方米池面积放养蛭种3~5厘米规格的30~50条；有流水条件的可增加放养数量，即体长3~4厘米的蛭苗50~60条。体长3厘米左右的蛭苗大小规格要求基本一致，并可混养少量鲢鱼、鳙鱼、草鱼、鲤鱼、鲫鱼等。

（四）饲养管理

饲养管理基本同池塘养殖水蛭。入夏后，水蛭进入生长旺盛时期，池内施用有机肥繁殖的天然饵料不足时，要及时加大动物性饵料的投喂。水温在25℃左右时，动物性饵料要占到50%左右；水温上升到30℃时，动物性饵料要达到70%左右。投喂的动物性饵料一定要新鲜，如果是冷冻的饵料，一定要待其充分解冻后达到池水温度时再投喂。在庭院养殖条件下，由于夏季阳光的暴晒，尤其是洼地水涵（一种有水的小坑或者比较小的坑）、坑塘面积小，水温上升得快。当水温超过33℃时，水蛭就会躲在泥中或池底，不吃食、不活动，水蛭会经常处于这种休眠状态中。所以进入夏季要及时为水蛭遮阴纳凉，防止水蛭"夏眠"。遮阴的方法是在蛭池的上方搭建瓜棚。棚架的面积应大于水蛭池的面积，以四周分别宽出池边1米为宜。棚架的高度应控制在1.6~2米。

一般每3~5天换水1次，换水深度5~10厘米。换水时间以下午2~3时为好。如果使用井水，换水时排水要快，注水要慢，以防水温突变引起水蛭得病。由于换水次数增多，池水容易变瘦。所以，应及时追肥，培肥水质。施肥以化肥为主，粪肥为辅。一般在换水后的次日每亩施尿素2~3千克，时间在上午9~10时。粪肥每半月左右施1次，以发酵干鸡粪最好，每次每亩施肥150~200千克。施肥时将干粪装入破旧麻袋内，分5袋分别放于池子的四角和中央。这样不但能保证肥效持续释放，又防止污染水体，同时水蛭还可以钻入麻袋觅食。此外，平时经常巡池查看水蛭活动情况、摄食情况，注意水蛭病的防治。夏季雨水较大，在大雨来临之前，要及时在养殖池四周插上网片，防止养殖池溢水使水蛭逃逸。面积较小的池，可用网片直接盖上，四周压牢即可。

六、 木箱流水养殖水蛭

　　用木箱流水养殖水蛭，投饵和管理都十分方便，主要有单箱和多箱并联养蛭两种生产方式。

（一）养蛭木箱规格

　　养蛭木箱用杂木做成。为了方便管理，木箱规格不宜太大。大规模养蛭可以多个木箱关联饲养。

　　一般箱长为2~3米，宽1.5米，高1米左右，要求箱体内壁光滑。在木箱的2个宽面开直径为3~4厘米的进水口和出水口各1个，进水口设在木箱上部，出水口在稍低于进水口处开设。进水口、出水口和箱上均要安装孔目为2毫米左右的金属网，可防止水蛭随水流通过进水口和出水口外逃。箱底铺垫粪土和碎木屑，最上面放一层泥土。注水深度以漫过土层30~50厘米为宜。

（二）放养蛭种

　　养蛭木箱内放养蛭种，蛭种放养量为每平方米150~200条。养蛭木箱放在有丰富水源、水流不断、水质活爽、无污染水域中的向阳、水温较高处。木箱的宽面对准水流，流速、流量均不宜过大，以微流水为好。如果水流过大过急，不仅会使木箱内的饵料和肥料流失，而且使蛭体消耗量过大，生长缓慢。

（三）饲养管理

　　木箱流水养殖水蛭的饲养管理方法与网箱养蛭基本相仿。在饲养过程中因用流水养蛭，保肥能力差，需要根据水体饵料生物丰歉变化及蛭苗摄食情况及时投喂精饵料和配合饵料。在水温适宜时每日投饵3次，分早、中、晚进行。水温低时每日投饵2次。每隔10~15天将箱内的下层泥土搅拌1次。保持水质清新，经常巡查箱内水蛭的活动情况和摄食情况。夏季水温高，木箱养蛭密度大，水蛭会躲在泥土中或箱底不吃食、少活动或不活动，处于休眠状态或缺氧浮头，必须及时在箱上搭棚遮阴，加大流水进出木箱的量和速度，必要时开动增氧机增氧。尤其是暴风雨来临前要用木桩固定养蛭箱，并做好防汛和防洪工作，防止木箱溢水。蛭苗经过6个月左右的饲养可增重6~10倍，达到成蛭上市规格。单养木箱1次可产蛭10千克左右。

七、 室内蛭缸养殖水蛭

　　蛭缸与蛭箱一样，是庭院小型养蛭的设备。养蛭缸可利用无破损的大水缸，放置在干燥、阴凉、通风的房内，缸底铺上10厘米以上的干燥松土，松土上垒架半缸左右干净的砖瓦或其他空隙大的杂物，以供水蛭钻入隐蔽和栖息。在砖瓦和杂物上放一些瓦缸作为饲料槽和饮水槽，缸口要用铁丝网网盖盖严，防止水蛭从缸内爬出或水蛭的天敌窜入缸内，同时也利于通风。

第六部分 水蛭生态混养技术

一、池塘混养黄鳝、泥鳅、水蛭

　　水蛭池塘混养不仅能充分利用水体，而且在养殖黄鳝、泥鳅的池中配养水蛭可改善池塘水体的氧气条件，提高水体溶氧量。水蛭与黄鳝或泥鳅混养，互不争食，但水蛭可以吃掉黄鳝、泥鳅残饵，有效地提高饵料的利用率，同时还能使水质保持肥、活、爽，从而增加单位面积水体的产值，提高经济效益和生态效益。

（一）黄鳝、泥鳅、水蛭混养池塘的选址与建造

　　水蛭养殖地点宜选择地势稍高的向阳背风处，要求水源充足，水质良好，无农药污染，可进水、排水，日常管理方便。混养池塘面积20~100平方米，形状因地制宜，长方形、圆形、正方形均可。如果采用水泥池，池壁用砖砌，并用水泥勾缝抹面，池底同样用砖铺好后用水泥抹面。在池底铺上20~30厘米厚的泥土，池壁上面铺设一层无结节网，网口高出池边30~40厘米并向内倾斜，用木桩固定，以防逃逸。如果拟建池的四周均是旱地，土质又较坚硬，可建造土池（又称泥池）。建造的方法是先根据养殖的规模和要求挖池，深20~40厘米，挖好后再将池底夯实。用挖出来的土在周围做埂，埂宽1米，高40~60厘米，埂要层层夯实。池底铺一层油毡，再在池底、池壁上面铺设塑料薄膜。

　　无论是水泥池还是土池，池深0.7~1米，都要在上端设一进水口，在其相对一面离池底35厘米处设一出水口，进水口、出水口用尼龙网布制作拦鱼网栅，以防水蛭外逃。池底铺上一层20~30厘米厚的有机质较多的肥泥，有利于黄鳝和泥鳅挖洞穴居；可适当种植一些水生植物，如水浮莲、浮萍、慈姑等，以利黄鳝、水蛭隐蔽栖息。同时要在低于水面5厘米处安装好饵料台，饵料台用木板或塑料板制成。

（二）蛭苗放养前准备

蛭苗放养前要清整水池，一般于冬季排干池水，清除多余的淤泥，暴晒池底。放苗前15~20天，注入部分水（土池10厘米，水泥池5厘米），选择晴天，每平方米水用150克生石灰浆全池泼洒，彻底消毒。若用水泥池养鳝、鳅、水蛭，放养水蛭种苗前一定要进行脱碱处理。当7天药效过后，池中铺撒一层发酵过的肥料，并移栽足够水草，培养枝角类、桡足类及底栖类生物，用以提供黄鳝、泥鳅和水蛭的饲料和栖息场所。3~5天后排干池水注入新水，开始放苗。

（三）蛭苗的选择与放养

池塘混养水蛭必须选好种苗。蛭苗应选体质健壮，体表无伤，体色深黄并夹有黑褐色斑点的为佳，最好用人工培育驯化的宽体金线蛭，种苗应选择个体大、体质健壮的。放养种苗的规格大小应基本一致，放养时间要适当，水蛭生长最适水温23~25℃，25~27℃摄食最旺，宜放养密度为每平方米放蛭苗1~1.5千克。

（四）饲养管理

1.投饵　投放水蛭种苗后，若池塘水体中培养有适口的活体饵料和黄鳝、泥鳅吃剩下的残饵，放蛭苗前3~6天不要投喂，让水蛭适应环境，之后开始投喂饵料，每天下午7时左右投喂。水蛭生长期为11个月，其中旺季为5~9月。人工饲养水蛭以配合饵料为主，适当投喂些蚯蚓、蚌螺肉、黄粉虫等。人工驯化的水蛭，蛭种初放时不吃人工投喂饵料，需要进行驯饵。驯饵的方法是：蛭种放养后2~3天不投饵。引食饵料投喂蚯蚓、蚌螺肉等；将饵料切碎，分成几个小堆放在进水口一边，并适当加大流水量。第1次的投饵量为蛭种总质量的1%~2%，以后逐渐增加到体重的3%~5%。如果当天的饵料未吃完，要将残饵捞出，第2天还要再增加投饵量。等到吃食正常后，可在引食饵料中掺入蚕蛹、蝇蛆、煮熟的动物内脏和血、鱼粉、豆饼、菜饼、麸皮、米糠、瓜皮等饲喂，第1次可加1/5，同时减少1/5的引食饵料，如吃食正常，以后每天增加1/5，5天后可取消引食饵料。配合饵料可采用水蛭全价饵料，也可自配饵料。配方为：鱼粉21%、饼粕类19%、能量饵料37%、干蚯蚓12%、矿物质1%、酵母5%、多种维生素2%、胶黏剂3%。

2.调控水质 饲养水蛭投饵要注意水质的变化，应经常注水。对于刚下池的蛭苗，摄食量少，池水不宜太深，一般保持在30~40厘米；浅水容易提高水温，肥效快，有利于浮游生物的繁殖和蛭苗的生长。随着蛭体的长大，水蛭摄食量增大，投饵量也应相应增加；水质转肥后需要每隔数天注换新水，增加池水中的溶解氧量，以改良水质。注水时应根据水质肥瘦来适当调节，根据水色的变化换水，应保持池水呈黄绿色，池水变成黑褐色即要灌注新水。此外，若水肥或天气干旱、炎热时，可勤灌、多灌水；水瘦或阴雨天时，可少灌水。一般在蛭苗下池后每隔5~7天灌水1次，每次灌水约5厘米深，到蛭苗种出池前分次加至50~60厘米为止。灌水要在投饵料前或投饵料1~2小时后进行，而且每次灌水时间不宜过长，以免蛭苗长时间顶水而影响体质。

3.日常管理 水蛭饲养期间应加强饲养管理，保持池水水质清新，pH值为5.6~7.5，且水位适合。要勤巡池，发现问题及时采取相应措施处理。饲养一段时间后，同池的黄鳝如出现大小不匀时，要及时将大、小黄鳝分开饲养，使生长一致，防止大黄鳝吃小黄鳝现象发生。

（五）水蛭病害防治

蛭苗放养前必须加强蛭病的预防工作。在水蛭放养前7~10天，用生石灰清池消毒。入塘前蛭苗用3%的食盐水浸泡5~10分钟；生长期间，每15天向田沟中泼洒5%石灰水（每亩用量15千克左右），或0.5千克漂白粉。苗种运输、放养和管理中，尽量小心操作，避免蛭体受伤。不投喂霉烂变质的饵料。保持养殖池的水质清新，尤其是高温期更应重视蛭病预防工作。发现病蛭、死蛭应立即捞起另养治疗或清除。同时要经常巡塘，注意清除混养池塘中蛇、青蛙等天敌动物。只要加强管理，可以较好地预防蛭病。

二、 稻田生态养殖水蛭

稻田养殖水蛭是利用稻田浅水环境，将水稻种植与水蛭养殖结合在同一生态环境中的一种立体种养模式。生产实践证明，稻田混养水蛭成本低、收效快、经济效益好。

（一）稻田的选择

选择水质良好、保水性强、排灌方便、阳光充足、温暖通风及土壤黏性、肥力较高的田块（图6-1、图6-2）。

图6-1　水稻田（1）

图6-2　水稻田（2）

（二）主要设施

在田四周挖沟，沟面积占大田总面积的25%左右（图6-3）。沟深0.8米、宽1.5米左右，另在田中开挖若干深0.4~0.5米、宽0.6~0.8米的道与沟连通，呈"井"形或"丰"形。堤面宽1米、高0.8米。田四周防逃墙用塑料薄膜围起高0.3米的围墙，进水口和出水口设尼龙网防水蛭逃逸。

（三）水稻插栽

选择适合本地种植、生育期长、茎秆坚硬、抗倒伏、抗病虫、分蘖性强且耐肥的紧穗型优质高产水稻品种种植。

图6-3 田中开挖的围沟

（四）水蛭种苗放养

水蛭种苗可到养殖场购买，也可用浸透猪血的草把从天然水域中诱捕，选在晴天早晚或阴雨天放养；同一田块放养规格应整齐，每平方米水面放养800~1 000条，一次性放足。水蛭种苗放养时要沿田间沟槽四周多点投放。放养初期田水宜浅，保持10厘米左右。放养前10天每亩施300千克腐熟的有机肥，培养水蛭适口的活体饵料，如枝角类、桡足类及底栖生物，同时投放轮叶黑藻、水花生等水生植物，培育微生物和水草，满足放养水蛭对植物性天然饵料的需求。

（五）饲养管理

1.投饵 水蛭为杂食偏动物食性，主食水中微生物、浮藻类，爱吃螺蚌肉、猪肝糜，嗜好吸食动物血。人工饲养饲料要质量可靠，可用畜禽血拌饲料或草粉等，荤素搭配。还可将河蚌或螺蛳投放在沟中，让其自然繁殖，供水蛭摄食。投喂要注意"四定"："定时"，每天上、下午各投1次；"定位"，田中浅水边；"定质"，饵料新鲜，及时清除剩饵料；"定量"，根据水体和水蛭摄食水温、天气等情况调整投饲量，吃饱为止。

2.日常管理 水蛭稻田养殖过程中要求水质保持清新，平时水层维持在20厘米左右，每5~7天加注1次新水。稻田放养水蛭需要稻田水量多，水田保水时间长，这样水蛭生长就好。但水稻生长对水量的要求变化大，在禾苗分蘖时要求水田自然落干晒田，这对水蛭生长来说极为不利。因此，田间水沟要保持20厘米左右的水深。晒田时间尽量缩短。稻田晒好后及时恢复原水位。水蛭放养前稻田应一次性施足有机肥，每亩施3 000千克，在插秧前1次施入耕作层内。水蛭放养后一般不施追肥，防止毒害水蛭。肥力下降需要施肥时，可用新鲜猪血引诱水蛭集中到田间水沟中再施饼粉，每亩施10千克，既为水蛭补充饵料，又可作追肥，但应少量多次。由于水蛭抗病力极强，再加上稻田的生态作用，故水稻及水蛭均极少发生病害，一般不需要用农药。如果水稻病虫害严重，非用农药不可，可用新鲜猪血将水蛭引诱入田间水沟后，选用高效、低毒、低残留农药，最好是无毒农药，并采取划片用药方式，避免农药直接落入水中，以保证水蛭安全。每天应勤巡塘防逃，发现堤、防逃墙、进出水设施出现问题时，要及时予以维修。水蛭经过半年饲养即可达到商品规格，在稻收后可捕捉、加工、晒干，然后出售。

（六）繁殖技术

野生金线蛭要选择个体肥大、每条体重在20~40克、健壮、无伤无病、体表光滑、颜色鲜艳、活泼好动，用手触之即迅速缩为一团的2年以上的水蛭作为种蛭。这样的种蛭产卵量多，孵化率高。早春放养，水蛭为雌雄同体，水蛭交配时，两条种蛭头端方向相反，各将生殖孔对着对方雄性生殖孔交配完成受精，且都可产卵。从5月开始在泥土中产卵茧，种蛭在产卵茧期间应保持环境安静，防止种蛭受惊而逃，造成空茧。由于个体不同，孵化期持续到6月中旬。种蛭产卵茧后要及时捕捉集中，另池饲养或加工成干品。这时的繁殖池就转变成孵化池，每次产出1~4个卵茧，每个卵茧内有15~35条幼蛭。通常卵茧自然孵化，经过20天左右即可孵出幼蛭。初孵幼蛭3天后便可取食蚌、螺蛳的血液和汁液；随着幼体的长大，可吞食蚌、螺蛳的整个软体部分；半个月后，可将幼蛭放入大池中饲养。种蛭入池后，要保持水质肥沃，有充足的浮游生物和螺蛳供其取食。一般卵茧产出后约1个月内可长到2厘米，幼蛭到9~10月即可长大；在春末放养的种蛭于夏秋季节繁殖后，供捕捞加工药用。

（七）捕捞

稻田混养水蛭起捕时间一般在水稻成熟并收割后进行。起捕前3天在稻田水沟里用猪血、鸡血块引诱水蛭集中到沟中，然后用密网捞取。

三、莲藕池塘混养水蛭

　　莲藕的根节、叶及莲子有很高的经济价值。莲藕，亦称荷，在植物分类学上属于睡莲科、莲藕属，是多年生宿根水生草本植物。莲藕原产于印度，性喜温暖湿润，在我国栽培已有3 000多年的历史，我国中南部栽种较多。莲藕除用浅水沤田栽培外，还可利用湖荡、池塘、沼泽等水面栽植，这些水体非常适合水蛭的生长。利用种植莲藕池塘养殖水蛭，可以可提高莲藕池塘的经济效益和生态效益。莲藕池塘中混养水蛭主要技术是先种植莲藕，待莲藕生长到一定程度后，再加深水位，放养水蛭。

（一）养蛭莲藕池塘的选择与设施

　　养蛭莲藕池塘应选择通风向阳、东西走向、光照好、水源充足、水质良好、无污染的池塘。池塘水位不高，平均水深以1~1.2米为宜。池塘底部平坦，排灌方便。池塘面积以2 000~3 333平方米为好。要求池塘塘埂高出池塘水面0.5~1米，埂面宽1~1.5米，夯实加固堵漏，以提高蓄水量。沿池塘埂四周开挖围沟，深0.5~0.8米。池塘的进水口和出水口设置在池塘内边的对角，进水口比池塘水面略高，出水口比四周围沟略低。为了防止水蛭逃出和水蛭天敌动物进入池塘食害水蛭，在池塘的进水口和出水口都需要安装密眼铁丝网。沿池塘四周还要用聚乙烯网布设置围网，网目的大小根据放养的水蛭个体而定，一般幼蛭为80目，青年蛭为60目。围网宽度为1.5米左右。沿池塘堤埂四周用竹竿或木棍插入泥土中作为围网柱，每个围网柱长1.8米，每隔1.5米插1个，并用7号铁丝将围网一端紧缚在围网柱上。围网要略向堤边倾斜，四角处围成弧形。围网下端埋入池塘底部的泥土中，围网上端露出水面25~30厘米，能有效防止水蛭逃出池塘。

（二）莲藕管理

1.施肥 莲藕喜肥水，池塘种植莲藕前15~20天，要翻耕晒塘，然后施足基肥，比一般的莲藕池塘施肥量要多，通常每亩水面施300~460千克发酵过的畜禽粪肥。施肥时应掌握气温变化，气温低时多施肥，气温高时少施肥。

2.选择藕种，适时栽种 选择藕身粗壮、整齐匀称、藕节较细、两节连在一起、藕芽多须，并向一侧生长的种藕。断藕、损坏的藕容易腐烂，影响发芽，不能选作种用，种藕要求至少两节完整。藕挖出后要立即栽种，如果藕种运输路程较远，要在藕种上洒水覆盖起来，不要让藕芽干枯、萎缩。秋天莲藕若选留作种用，可在翌年春季挖掘，一般每亩需要200~250千克藕种。

每年3~4月（长江流域育藕最适宜季节在清明至谷雨前后），栽插前整好莲藕池塘，每亩用80~100千克生石灰全面消毒，并施足基肥。一般栽藕前15天采用大草在池底沤制泥肥，每亩需用大草1 000~1 500千克，把大草均匀平整地铺在池塘底部泥土中，加水约6厘米深，使大草腐烂；或亩施发酵猪、牛粪便3 000千克，过磷酸钙50千克加适量的碳氨作面肥。待寒潮过后天气晴暖，温度达到21~25℃（可通过放水深浅来调节水温）即可移栽莲藕。栽插时呈"品"字形排列。气温高时浅插，气温低时稍深插。每亩栽插藕种60~150千克（每株至少要有3个顶芽），株行距视土壤肥力情况及施肥水平而定，一般为2米×2米或2.5米×2.5米。

（三）水蛭放养

水蛭放养时间要以水温在20℃以上且莲藕芽露出水面时为好。在水蛭生长适宜水温20~25℃时投放水蛭种苗。每亩池塘放养量为体长2厘米以下幼蛭10 000条左右，4月龄以上水蛭放养密度要小些，放养蛭种为主时每亩为500条左右。如果养蛭技术好，池塘条件理想，则可相应提高放养密度。不同的水蛭品种和同一品种在不同的生长阶段，水蛭放养密度均有一些差异。如日本水蛭的放养密度可比宽体金线蛭的密度大些，放养小幼蛭则比个体较大的幼蛭密度大些。此外，水蛭的放养量还应根据莲藕栽植池塘的具体条件与水蛭生长状况之间的平衡而定。

（四）饲养管理

1.水蛭饵料投放　水蛭放养于莲藕池塘后的第3天开始投饵，饵料可以投放在围沟内。莲藕池塘的天然饵料毕竟是有限的，为了促进混养水蛭生长，在养殖过程中，还需要进行人工投喂，以补充天然饵料的不足。投喂的饵料主要是敲碎的螺蛳肉、河蚌肉、蚯蚓、动物内脏、屠宰场下脚料等。可以同时配合一些植物性饲料。饲料要多样化，投放的饲料一定要新鲜，不投喂霉变腐烂的饲料。宽体金线蛭不吸食动物血液，主要以食水中软体动物（如螺蛳、河蚌）、浮游生物、水生昆虫幼虫和腐殖质为生。日本医蛭主要以吸食动物血液为生，可投放猪、牛、羊的凝结血块为饵料。根据放养水蛭的数量、密度、品种规格，定时、定位、定质、定量投饵。春季在每天下午5~6时投饵1次；夏、秋季每天投饵2次，上午7~8时、下午4~5时各投放1次。具体投放饵料量随水蛭多少而定。一般水蛭日食量为其体重的5%~10%，但应根据莲藕池塘天然饵料多少进行调节。如果莲藕池塘天然饵料少，尤其是7~8月水蛭摄食高峰期间，总投饵量就要多些，反之就少投或者不投。投饵要有针对性，不同的水蛭品种投喂的饵料略有区别。

2.水质调控　藕种下池直到收获前应适时调节水位，7~9月大致每隔10~15天换水10厘米。莲藕栽植初时为了提高地温，促进发芽，池塘水位宜浅，浮叶出现后上升水位保持水深10厘米；立夏过后气温升高，水温也高，水位加深到20~35厘米，促莲开花，此时随着水蛭的长大，需扩大水域，以增加水蛭的活动范围；小暑至立秋期间应将水位加深到30厘米以上，有利于水蛭和莲藕的生长。生长期应注意防涝，防止水蛭逃逸，也要避免池塘水淹没荷叶，池塘水淹没荷叶时间过长会使植株死亡。

3.日常管理　主要是每天早晚巡查池塘，检查水蛭的活动、觅食、生长和繁殖情况，做好防逃措施，防止天敌动物食害水蛭。发现问题，及时采取有效措施处理解决。

（五）莲藕、水蛭病虫害防治

莲藕池塘混养水蛭尽量不用农药，非用不可时应先将水蛭引入围沟内后再用药。莲藕主要发生枯萎病、叶斑病，莲藕池塘中用药要减少对水蛭造成伤害，应选用高效、低毒、低残留、广谱性农药。常用链霉素+多菌灵+百菌清进行防治。按照药物使用说明书采用划片施用，确保水蛭安全。施药前要加深莲藕池塘水10厘米，采用喷雾法施药。莲藕在夏季的主要寄生虫是水蛆，幼虫潜在泥中茎节和根上吮吸汁液，使荷叶发黄。可结合追肥撒盖水草闷死水蛆和蚜虫。防治地蛆每亩水面撒生石灰10~20千克或结合追肥进行。防治蚜虫每亩用40%的乐果乳剂50毫升加水喷雾，每周喷洒1次，一般连用2~3次即可收到显著效果。

水蛭的生存能力与抗病能力很强，只要按照科学方法饲养，极少会发生疾病。防治水蛭病虫害主要是清理池塘并消毒，每亩用生石灰50~70千克和碳酸氢铵25千克，全池塘撒施。粪便应发酵后施入池塘中。

（六）收藕与水蛭起捕

10月后莲藕成熟，莲藕池塘放浅水或放干田水，然后挖取。莲藕多直接下水采收，根据最后新叶部位，确定在其前方必然有藕结，即可抓住此叶柄，用脚蹬泥，用手提取。冬天采藕如水位较深，用长柄藕钩钩住藕节，用脚和手配合托藕出水。一般在立秋后收莲子。莲子成熟时，莲蓬呈青褐色，莲子呈灰黄色，孔格部分带黑色，此时才可采收。过早采收莲子不充实，过迟采收风吹易脱落。采收莲子应尽量少伤荷叶，用采莲船、莲钩将果梗折断一一采收，采收后摊晒7天左右直至完全晒干。立冬前排干池塘水挖藕。水蛭生长较快，采收水蛭一般在其冬眠前将莲藕池塘的水排干，水蛭就自动随水流入围沟、用密网捕捞，捕大留小，起水加工出售。选留健壮水蛭个体，重达20克以上作蛭种，集中投放到塑料大棚越冬饲养池中，保证水蛭安全越冬。没有及时起捕的水蛭，也可放在原池塘泥土中让其冬眠。

四、 茭白田混养水蛭

茭白学名"菰",又名"茭笋"。在植物分类学上属于禾本科,是多年生宿根草本植物。食用部分是肥大的嫩茎,即"茭白",又称为"茭儿菜"。 茭白性喜温暖湿润,适于黏壤土中生长,原产于我国长江以南水泽地区。野生的茭白多生长在池塘、溪流、湖泊等水浅处,长期生活在水中,有葡萄根状茎横走于泥中的,也有直立茎挺出水面的。茭白的叶片制造的养分集中到花茎上,因此长出洁白、质软、味鲜、粗壮的茭白肉,称为"茭瓜",可作蔬菜。茭白在秋天结籽叫"菰米",可单独做饭或与小米一起煮粥;茭白茎还可以编席;秆、叶也可作为家畜的饲料;此外,根、茎、叶、菰米均可作药用。

根据茭白和水蛭均只需要浅水环境这一共性,在田块中既种茭白又养水蛭等水产品,可大幅度提高茭白田的经济效益和生态效益。

图6-4 茭白田

（一）茭白田的选择与设施

茭白田养水蛭必须选择在水源充足、水质良好、旱能灌、涝能排的区域进行。种植茭白田可利用沼泽地、洼地改造而成，土质为壤土，兼有部分泥煤（泥炭）。茭白田要清整，种茭白的田地要冬耕晒白，栽前要耕耙平整，耕层15厘米左右。耕层过浅出茭又少又小，耕层过深出茭迟。同时要施足基肥，每亩用100千克河泥，350~400千克厩肥。茭白田养水蛭，在水蛭放养前做好加高加宽田埂，以及开挖塘、沟等工作，以塘沟田式和沟田式较好。加高加宽田埂并夯实，田埂宽0.6米以上，高0.8米，在进水口和出水口安装铁丝筛或其他防逃设施。

（二）茭白栽种

1.选种　茭白是无性繁殖中种性很不稳定的一种作物，为提高茭白的产量和品质，必须进行严格选种。选种要从上年采收后期做起，将雄茭及灰茭除去，选留成熟早，茭肉粗壮、白嫩，植株生长整齐，分蘖多的茭墩，茭长在15厘米以上，成熟一致，无病虫害，上市较早的植株作种。做好标签，待种植时带土提起，分株移栽，每丛3根。根据茭白田的生态条件，放养宽体金线蛭或日本医蛭。

2.施肥　2~3月，在茭白田灌水种植茭白前施基肥，每亩施发酵的猪、牛等畜禽粪1 500千克，均匀施入田块并深翻入土层内，同时要注意耙平理细，使肥泥整合。秋茭的植株高大，根系发达，需肥量大，这时必须及时追肥，才能满足其生长的需要。可结合中耕，每千平方米施碳酸氢铵90~112千克；施肥要使肥料在泥土中均匀分布。夏茭追肥宜早不宜迟。如果追施迟了，孕茭时不能及时得到养分，结出的茭白就小。施肥前将水蛭用猪血块引诱到田块围沟内躲避，施肥后再将水位复原。

3.茭白移植　茭白忌连作，一般3~4年轮作1次。对轮作田块可在春季4月茭白旧茬分蘖期进行移植，移植后一般当年可获得一定的产量。移苗时新苗要略带老根，行距、株距为0.5米×0.5米，且要浅栽，水位保持在10~15厘米。

（三）水蛭放养

水蛭放养时间宜在茭白移栽前10天，排干田水，每亩用8~10千克漂白粉对茭白田及围沟进行消毒处理。一般茭白田经漂白粉消毒后3~4天药性消失后即可放养水蛭。放养密度每立方米水体内幼蛭100~150条，放养种蛭则每立方米水体可投放30~40条。

（四）饲养管理

1.投饵 水蛭食谱很广，喜食畜禽内脏、猪血、牛血、螺蛳、河蚌等。当水温在20~23℃时，动、植物性饵料应各占50%；水温在24~28℃时，动物性饵料应占70%。每天投饵要做到"四定"，即定时、定量、定质、定位。每日投喂2次，上午7~10时和下午4~6时各1次。日投喂量为水蛭体重的3%~5%。具体投喂量视天气、饵料质量、水蛭的生长状况等因素酌情增减，一般以第2天略有剩饵为度。

2.调控水位、水温 茭白移植和苗种放养初期，幼苗矮可以浅灌，水位保持在10~15厘米。随着茭白升高，水蛭长大，要逐步加高水位至20厘米左右，使水蛭始终能在茭白丛中畅游索饵。茭田排水时，不宜过急过快。夏季高温季节要适当提高水位或换水降温，以利水蛭度夏生长。进水口和出水口保持有微流水，夏季增大水流量，水温控制在20~30℃。

3.巡查 坚持早、中、晚每天3次巡查田块，勤捞杂物和浮叶植物，以免造成水体缺氧。同时检查水蛭的摄食、活动和生长情况。发现田埂漏洞要及时修补。夏季要常听天气预报，做好防洪准备，提前加固田埂，防止水蛭逃逸，预防天敌动物进入田块侵害水蛭。

（五）病虫害防治

如果茭白发生病虫害应尽量采用低毒高效农药，并严格控制用量安全。施药前田块水位要加高10厘米。施药喷雾器喷嘴应横向朝上，尽量把药剂喷洒在茭白叶片上。茭白田四周的农作物不可使用剧毒农药，如有机磷、有机氯类农药，以防污染茭白田，危害茭白和水蛭生长。

（六）采收与起捕

茭白采收是否及时不但影响其产量，而且也影响其质量。一般是孕茭部分明显膨大，叶鞘一侧肉质茎膨大而被挤开，茭肉略露出1.5~2

厘米时采收茭白为好。采收过早会降低产量，采收过迟则茭肉发青、质地粗糙、食性变差。采收时尽量不要损伤迟生的分蘖孕茭的植株。

水蛭生长到规格大小合适时，要及时起捕。茭白田混养水蛭的起捕时间一般在水蛭冬眠前进行。先排干田水，然后用密网捞取。捕捞后应选择个体大、健壮的水蛭留作蛭种。每亩留种15~20千克，集中放养到育种池内越冬。起捕留作种蛭外，规格大的出售，规格小的放饲养池中越冬。

第七部分

水蛭饲养管理关键技术

一、幼蛭的饲养管理

刚从卵茧中孵出的幼蛭身体软弱，发育不全，对外界环境适应能力差，抵抗病害能力弱，直接放养于养殖池成活率很低。因此，必须经过精养池暂养，才能获得较高的成活率。现将幼蛭精养的关键技术分述如下。

（一）幼蛭精养池暂养前的准备

1.清池消毒　新建幼蛭精养池放养幼蛭前需要清池消毒。清池消毒常用脱碱法；在幼蛭放养前15天左右，池中注入10厘米左右深水后，按每平方米15克，全池泼洒漂白粉溶液消毒，消毒5天左右，排出池水后，再用清水冲洗数次，彻底清除漂白粉余液。

2.安装围网　幼蛭精养池周围需安装80目以上过滤围网，防止幼蛭逃逸和天敌动物入池侵食幼蛭。

3.培养活体饵料　清池后，将已经发酵好的农家肥（如畜禽类粪便等）按每平方米0.3千克分点堆放于池底，用泥土覆盖20厘米厚。使水变肥后放进经80目过滤网过滤的新水，放水至25~30厘米深，以培养水蚤、枝角类、草履虫等浮游生物供幼蛭食用。

4.池中适时放养水草　刚放入精养池的幼蛭正处于开口摄食饵料时期，水中不急于放养水草，待幼蛭放入精养池6天左右，开口饵料投喂结束，再在精养池中放养适量的水浮莲或者水葫芦等水草，供幼蛭遮阳和隐蔽休息。

（二）幼蛭放养

1.挑选幼蛭　幼蛭放养前需选择健壮、体表光滑、无不良表现、无病伤的蛭苗（图7-1），放入精养池暂养。同一池的幼蛭孵化时间不

图7-1　水蛭幼苗

要相差3天以上。

2.试水　在批量放养幼蛭前，应先放养少量幼蛭试水1~2天，如果在幼蛭精养池水中能适应，无不良反应，再批量将幼蛭投入精养池暂养。

3.放养幼蛭　刚孵出的幼蛭体弱，先放置到塑料泡沫箱内放置2天，第3天上午8:30至9:00或者下午5:30至6:00放养幼蛭。放养前应用0.1%高锰酸钾溶液消毒5分钟。池水要求保持深度在30厘米、水温在20℃左右，否则，会对幼蛭生长不利。

（三）幼蛭饲养管理

1.幼蛭的饲喂　幼蛭首次取食，称开口。刚孵化出的水蛭幼体发育尚未完全，对环境的适应能力比较差，2~3天不进食，仍依靠体内卵黄维持生活。第3天后开始进食，幼蛭的消化器官性能比较差，应注意投喂营养合理、适口性好的幼蛭开口饵料。刚孵化出的幼蛭主要吸食河蚬、螺蛳的体液，但不能直接投喂活螺蛳，否则幼蛭容易被螺蛳厣夹击而死。应投喂水蚤、小血块、切碎的蚯蚓、田螺或熟鸡蛋黄等经过特殊配制的适口性较好的饲料。但幼蛭开口进食比较难，因为水蛭是喜群居性的动物，幼蛭从卵茧中孵化出来后，喜欢群居在一起，即使放养在水池里也会群居不散开，致使幼蛭的首次进食比较困难。一旦幼蛭长时间不进食，将会瘦弱无力直至死亡。幼蛭的开口是人工养殖水蛭成败的关键性一步。

幼蛭从群居到分池饲养，让幼蛭可顺利进食。投喂幼蛭饲料，要根据幼蛭喜欢的活动场所来投放，从而使幼蛭在整体活动的环境下，都能吸取到食物，不存在争抢食物和寻找不到食物的现象。定时投喂饵料，要求少量多餐。根据幼蛭每天采食情况，灵活掌握饲料喂给量，确保幼蛭首次取食顺利成功。

2.幼蛭的日常管理　饲管幼蛭水温应保持在20~25℃，过高或过低都会对幼蛭生长不利；水深宜保持在30厘米左右。

幼蛭喜欢新鲜水源及微流量，因此幼蛭期间每天要更换补充新水。同时装上一台微型增氧机。幼蛭精养管理阶段，要严格掌握雷雨天气的池边流水，使幼蛭不能往上爬出。应做好池边防雨，可在池边盖上1层塑料薄膜，或在池上方盖上1张60目以上的防逃网。只要池边没有雨水积流下池，保持池墙边干燥，幼蛭就很稳定，不会往上爬行。同时应严防水蛭敌害。若饲料搭配合理、保质保量，水质新鲜，池中保持一定微流量，幼蛭成长速度会很快，从卵茧孵化出来的2厘米幼蛭，经过20天的精养管理，可生长到7厘米以上。

二、 青年蛭的饲养管理

青年蛭一般是指3~4月龄的幼蛭（图7-2）。青年期正是迅速生长期，水蛭体重和体长都有明显变化，生殖器官也进入了发育阶段。幼蛭转入青年蛭饲养池饲养后，逐渐进入了商品蛭的养殖阶段。因此，抓好水蛭这阶段的饲养管理工作对水蛭生产来说特别重要。主要应做好以下饲养管理工作：

图7-2 青年蛭

（一）放养青年蛭前的准备

1.清池消毒 幼蛭转入青年蛭池前15天左右进行清池消毒，池中注水10厘米左右深，每平方米按15克漂白粉全池泼洒消毒5天左右，排出池水后，再用清水冲洗数次，彻底清除漂白粉液。

2.安装围网 饲养池周围安装80目以上过滤网，防止水蛭逃逸和天敌动物入池侵食水蛭。

3.培养水质 青年蛭放养前，清池后将已经发酵的农家肥（如畜禽粪便等），按每平方米0.3千克分点堆放于水底，在上面盖上20厘米泥土。放蛭前2~3天放进经80目过滤网过滤的新水，把水位提高到30~40厘米，池水经太阳暴晒几天后变肥，有利于培养浮游生物饵料。

4.移植水草 根据饲养池塘面积和放养水蛭的数量，移植水浮莲或水葫芦等水草，约占池塘面积1/3。水草主要供水蛭栖息、遮阳和隐蔽。

（二）青年蛭的放养

1.挑选蛭苗　幼蛭由精养池转入青年蛭养殖池饲养前需要经过严格的挑选。

2.试水　幼蛭全部由精养池转入青年蛭养殖池饲养前，要先放几条幼蛭到青年蛭养殖池水中试养1~2天。如果适应且表现正常，然后再将幼蛭全部转入青年蛭养殖池中饲养。

3.放养密度　幼蛭转池时放养密度控制在每平方米水体1 000~1 500条。如果养殖池底质较好、水深适中、排水方便、饵料多、池底面积大，放养密度可适当放大些；反之放养密度要小些。还要随着水蛭月龄的增长随时调整密度，5月龄以上的水蛭每立方米水体可放养300条左右。

（三）青年蛭的分级饲养

幼蛭经过1个月的精养管理后被称为青年蛭。青年水蛭成长速度快，需要更宽广的活动环境。因此，要进行分池养殖，分级管理，这样可以提高成活率；如果水蛭大小混养，个体间争食，小水蛭往往争不到食物而生长缓慢。

随着幼苗池里水草、水浮莲的繁殖发棵，水蛭可以随水草分到养殖池里。然后根据每个池边爬上来的水蛭密度调整均匀。青年水蛭分养后，池内的水位开始逐步增高到50厘米左右，池的两边固定50厘米宽，放上水草或水浮莲，供水蛭吸取露水或休息；投喂螺蛳时以偏小螺蛳为宜，水质保持一定肥度，每天适量补水。

（四）青年蛭饲养与管理

1.青年蛭饲喂　青年蛭的主要饲料一般是根据幼蛭喜欢吃的东西及幼蛭快速成长的营养需要而定，饲料可以是螺蛳，也可以以河蚌为主，辅助饲料是由水生昆虫、浮游生物和青汁粉碎搅拌后添加一些营养元素制成。投放饲料时间为下午5时左右，投喂量根据水蛭的大小和饲养数量灵活掌握，每千克水蛭每天投50~100克活螺蛳（包括田螺、河蚬、福寿螺等）。在正常养殖情况下，每条水蛭从青年水蛭到成品水蛭吸取螺蛳约36颗，饲养时间为90天。如果高密度养殖应适当增加投饵量。这个阶段水蛭食量最大，个体增长迅速，要保证大小水蛭都能吃到饵料。饵料不足会影响水蛭的生长。投喂时要细致检查螺蛳等饵料是否有死亡和臭味。一旦发现死亡和臭味，不能投喂。此外，投喂饲料要做到"四定"原则，即定质、定量、定点、定时，并注意及时清除残饵，以防污染水质。

2.日常管理　水蛭生命力极强，极易生长。在养殖过程中，水蛭虽对水质要求不严，但因人工养殖密度过大，所以最好经常调节水质，保持水质清新。养殖成蛭要求肥、活、新，溶解氧含量充足。在养殖过程中，养殖池要勤换水，保持水质清新，溶氧充足，透明度为30~50厘米。补充水分时要保持池内水质肥度。当肥度过高、剩余腐烂物质过多时，要清理水面的螺蛳贝壳，更换新水，提高池内水的含氧量。池水温度应保持在15~30℃，此时水蛭生长良好，繁殖期水温最好控制在25℃左右。低于10℃时，水蛭会停止摄食；高于35℃时，水蛭烦躁不安而逃逸。尤其在7~8月的高温季节必须保持进水口、出水口流水通畅。若高于30℃以上，应采取遮阴降温措施；遇高温天气，水蛭的背部出现深紫颜色，这时需要增加湿度，补水降温。

水蛭以水草和水中微生物为食，池里需要培养一些浮萍或水草，为水蛭提供活动和栖息的场所（图7-3）。由于各类水草生长在池里，水草的发棵也是新陈代谢的表现，因此要清理各类干枯杂草。例如，应清除水质太瘦所造成的青苔，为水蛭生长创造一个良好的环境。

在自然界里，水蛭一般情况下不会发生疾病。但在人工高密度养殖环境中，由于饲料的不断投喂及水蛭的饲养密度大，水蛭的成长和排泄物质增多，必将会产生有害病菌。为了防病，在水蛭饲养过程中应每7~10天将水体用2%淡

图7-3　水蛭栖息

盐水（必要时采用漂白粉）进行杀菌消毒，浓度为每平方米0.8~2克。水蛭抗药性很差，因此不能使用任何剧毒化学药物消毒杀虫。养殖期间每天要坚持巡池，观察水蛭的活动、摄食、生殖等情况，巡池检查工作要细致，要经常观察水池，关心天气预报。如发现水蛭爬在墙边高出水面5厘米时，说明即将有雨水出现。此时，要做好防逃准备工作。同时，注意检查杀灭水蛭养殖池内的杂虫与蛙、蛇、鼠等天敌动物，以防止对水蛭的食害。早春放养的水蛭到9~10月已长成成体，即可收捕加工出售，但要注意留种，按每亩15~20千克留放于育种池中越冬。

三、种蛭的饲养管理

（一）种蛭养殖前的准备

1.清池消毒　种蛭放入种蛭池前15天左右按常规进行清池和消毒，放进过滤新水至20~30厘米深。

2.培养水质　种蛭放入种蛭池前，养殖池池水需经太阳暴晒几天，并施入农家肥（畜禽类粪便等），促使水质变肥，有利于培养充足的浮游生物饵料供种蛭取食，在投放种蛭前2~3天，把养殖池的水位提高到80~100厘米。

3.种植水草　根据养殖池放养水蛭数量移植水浮莲、水葫芦或浮萍草，占池水面积1/3，供种蛭栖息和隐蔽（图7-4）。由于水葫芦等水草繁殖快，生长过多时应适当疏减。

图7-4　水蛭栖息

（二）种蛭的挑选

放养的种蛭要经过严格挑选，要求人工水蛭养殖场购买健壮、无伤、个大的种蛭，金线蛭品种每千克以30~40条为宜。

（三）试水

种蛭放养前，要先放养少量种蛭试养1~2天。如种蛭能适应种蛭养殖池水中环境，无不良反应，再全部投放种蛭于养殖池。

（四）种蛭的养殖与管理

1.放养种蛭　一般来说，水蛭自卵茧产出约1个月，可以长成2厘米以上的幼蛭，在春末放养作为种蛭。早春期间投入水蛭种苗，密度以每亩水放养20千克左右为好。

2.投喂饵料　人工养殖金线蛭的主要食料为螺类，可在池内放养螺蛳（每亩以25千克左右为宜）供其食用。不宜投放过多，以防池水含氧不足，或螺蛳与水蛭争夺空间。饲料不足时，可辅以蚯蚓、昆虫幼虫等。每周喂动物血1次，每亩每次约20千克，即把猪、牛、羊鲜血凝块分成小块投入，每隔5米左右投入1块供其吸食；注意及时清除残血渣，以防污染水质。种蛭在繁殖期能量消耗大，投喂的饵料要求新鲜、优质、充足，应以投喂蚯蚓、螺类等活体饵料为主。在投喂螺蛳过程中，要求将从自然水体捕捞或购买来的螺蛳先洗去杂质，然后再进行满池投放。如购进的螺蛳量大，应将其放置在阴凉的地方，干放铺平、不积堆，这样能保持螺蛳生存1周不会死亡。

3.日常管理　种蛭在人工养殖条件下，一般历时14~19个月的生长发育，有些个体开始性成熟，大批水蛭性成熟时间通常在24个月以后。发育成熟的个体在清明后的1个月和秋季8~9月产卵。要产卵的种蛭会从深水区游向浅水区，钻进养殖池边的湿泥土中产卵。因此，水蛭在4~5月繁殖期间，池塘边要保持土壤湿润。为防止土壤干燥和板结，应经常喷水使其保持湿润，为水蛭交尾、产卵创造良好的环境。水蛭在15~30℃水温环境生长良好，水蛭繁殖期间养殖池里水温应调控在25℃左右为宜，此时最有利于种蛭繁殖。若水温在10℃以下，种蛭停止摄食；入冬水蛭即停止摄食，钻入土中冬眠。冬季人工养殖种蛭时，为了让其在泥土里安全越冬和防止池水冻结，可增加池水水位，饲养池排水后盖草禾保持泥土湿润或覆盖塑料薄膜加温，并搞好种蛭的越冬管理以延长生长期，提高经济效益。若水温在30℃以上，也会影响水蛭的生长。7~8月水温较高，养殖池可采取遮阳措施并经常换水。池水溶氧量要稳定，pH值为6~7，并注意调整池内水草在水面的布局。水蛭生命力较强，很少发病。但在人工环境下，如果养殖方法不当，也会发病。同时，要经常巡查繁殖期间养殖池的水质和水温、防逃逸设备、池内及四周的种蛭产卵场所的湿度、繁殖数量等情况，做好详细记录，发现问题及时解决。种蛭夏秋繁殖率高，幼蛭于9~10月即可长大，应及时捕捞加工药用。留作蛭种的，当气温下降到10℃以下时，要做好越冬期间的管理工作。

四、 水蛭一年四季的管理

水蛭养殖的日常管理主要是细心观察，要求做好投食、补水、换水、清理余物、水体消毒、巡池检查等工作。注意做好防暑、防逃和防天敌动物食害等方面的工作。水蛭是变温动物，其体温是随着气温的变化而变化。温度过低或过高都会对水蛭的成长和繁殖有影响。人工养殖水蛭在不同季节应采取不同的管理方法。

（一）春季管理

春季的气温回升到10℃左右，水蛭陆续出土活动，但初春气温变化反复，昼夜温差大，一旦水温回降就会使一些体弱的水蛭染病死亡。因此，水蛭越冬池不能过早拆除保温措施，以确保水蛭安全过春。晚春时，水温持续上升，水蛭活动能力增强，可每隔10天左右在水蛭活动区投喂1次少量螺蛳、田螺等饵料，让水蛭自行采食。在水蛭繁殖期要注意调控水质和水温，防止蛭卵缺氧而死亡。同时加强巡池，防治水蛭疾病，防止逃逸和敌害。

（二）夏季管理

盛夏炎热，阳光充足，水蛭养殖池水浅，水温高，尤其7~8月的水温往往超过30℃，使池中养殖的水蛭感觉不适，生长缓慢。特别是雷雨到来之前，天气闷热，水体中溶解氧不足，水蛭烦躁不安，浮游在水面，头部上仰，食量减少或者停食，最后水蛭身体颤动而死亡。因此，需要采取降温措施，如养殖池内水面移植部分水葫芦、水浮莲等水生植物，池上用遮阳网遮盖，避免阳光直晒，或在池上搭架，池边种植瓜类或者其他藤本类植物等遮阳降温。在早晨或傍晚陆续注入新水等，最好能使水蛭养殖池水温控制在25℃左右，可有效防止水蛭中暑。此外，加强巡查养殖池水蛭活动、摄食情况，发现有病蛭应立即捞出，隔离治疗，防止疾病蔓延和传播；同时做好防逃、防治天敌动物侵食池中水蛭，使水蛭安全度夏。

（三）秋季管理

秋季气温递减，气温下降到18~24℃时水蛭会十分活跃。此时投饵量要加大，使水蛭生长增重，为冬眠蓄积能量。当气温下降到13~18℃时，可逐渐减少投饵量，在越冬前要对水蛭补充一些营养丰富的配合饲料，让水蛭在冬眠前身体健壮。秋季后期气温下降到10℃以下，水蛭开始停食。秋季是水蛭养殖收获的最佳季节，要适时采收，并必须在冬季来临前做好蛭种安全越冬的准备工作。

（四）越冬管理

水蛭的耐寒能力较强，一般不易冻死，自然条件下，气温低于10℃时，水蛭钻入水边较松软的、深度15~25厘米泥土中越冬。人工养殖水蛭时，冬季可采用以下几种保温方法去改变水温，打破水蛭冬眠习性，使水蛭正常吃食和正常生长繁殖，缩短生长周期，增加其产量，提高经济效益。

1.加深池水法　冬季严寒养殖池水体结冰，会冻伤甚至冻死越冬水蛭。如遇雨雪天气，可采用加深池水以防止池水结冰；如池水结冰需经常破碎池内水体中的冰块，以保持池内有足够的溶氧量。

2.排（池）水盖物保温法　如外界温度低于10℃时，将池里水体排干，然后放上一层干松泥土，再盖上一层稻草或塑料薄膜保温保湿，并适当加温。此法适用于寒冷天气大面积养殖商品水蛭的场（户）。

3.塑料大棚内养殖池饲养水蛭法　在气温下降到10℃以下，可将水蛭移入塑料大棚（或利用废旧蔬菜大棚）（图7-5）内养殖池饲养，每半个月投养1次。

此外，水蛭在越冬期间要密切注意黄鼠狼、老鼠等天敌动物，杜绝其进入水蛭越冬池，以防冬眠水蛭被天敌动物侵害。

图7-5　塑料大棚内养殖池养殖水蛭

第八部分 水蛭繁殖技术

　　培育水蛭，饲养成功才能提高人工养殖水蛭的产量和经济效益。因此，掌握好水蛭繁殖技术是决定养殖成功的关键。水蛭的繁殖主要由求偶交配、受精、产卵及卵茧的孵化等主要环节组成。

一、 蛭种选优去劣

　　若饲养野生金线蛭，要选择健壮无伤、个体完整、体躯饱满、体表光滑、活泼好动、弹性有力，用手触之即迅速缩成一团，种龄在2年以上，体重12~20克的水蛭作为种蛭。这样的种蛭产卵量多，孵化率高。通常培养繁殖要选用水蛭卵茧进行孵化，选择卵茧时要挑选个体大、色泽光润、整体饱满、出气孔明显的，置于光线下可见卵茧内奶白色小块(即乳液)基本上已经干燥的好茧。如果水蛭卵茧个体小、色泽暗淡、整体不饱满、卵茧出气孔不明显，则是劣质卵茧，孵化出的蛭苗成活率低，不宜用作孵化培育。

　　引种量应根据繁殖台面积而定，一般每平方米繁殖台投放种蛭1.5千克左右，并进行大小分级饲养。购水蛭卵茧量可按每千克卵有800个卵茧，每个卵茧可孵出幼蛭数为15条左右计算。购水蛭卵茧数要适量，购买后按照大小、老嫩、茧型分开放进孵化箱孵化。

二、 种蛭的交配

　　水蛭为卵生动物，雌雄同体异体受精，繁殖率高，生命力强。

　　水蛭体重达到10克时进入性成熟阶段。每条水蛭体内都有雌雄生殖器官，相互交配繁殖后代。一般雄性生殖腺先成熟，而雌性生殖腺后成熟。只因水蛭是异体交配受精，所以性成熟以后，在交配之前其活动十分频繁，处于求偶的兴奋状态。表现为雄性生殖器有突出物，像一根小线伸缩在体外活动，周围有湿润黏液，这就是发情的特征，也是求偶的表现。两条发情水蛭相遇头端方向相反地连接起来，即开始进行交配。

　　在自然界中，水蛭的交配时间，随温度的变化而有所不同。一般情况下，水体温度稳定在15℃以后，水蛭正式开始交配。在长江流域始于4月上中旬，在华北地区始于4月下旬至5月上旬。水蛭交配多躲在水边土石块和杂草等物体下面进行。水蛭的交配时间多在清晨，头端方向相反，腹面靠在一起，各自的雄性器官输入对方的雌性生殖孔，然后雄性伸出细线形状的阴茎插入对方的雌性生殖孔内（图8-1），交配时间一般持续30分钟左右。水蛭在交配时极易受惊扰，稍有惊动，两条交配的水蛭就迅速分开，造成交配失败。因此，在水蛭交配的季节，尤其在清晨，要保持环境安静，杜绝一切震动和噪声，特别是在养殖池内的水面，不要有大的波动，防止正在交配的水蛭受到惊吓。

图 8-1　交配的水蛭

三、 种蛭的受精与产卵茧

当水蛭双方将阴茎插入对方的雌性生殖孔内，并使输出的精子进入受精囊以后，交配即告结束。精子贮存在贮精囊中后，这时卵子并不是立刻排出而受精，而是雌性生殖细胞在交配后才逐渐成熟，贮存在贮精囊中的精子才逐渐遇到卵子受精。从交配到受精卵排出体外，形成卵茧（图8-2），一般要经过近1个月的时间，这段时间称为怀孕期。养殖期间要仔细观察，保证种蛭食料充足。

图 8-2 水蛭卵茧

在自然界中，水蛭产卵茧（图8-3）时间一般在4月中旬至5月初，平均气温为20℃时。成体水蛭在交配后1个月左右便产出卵茧。如果是在室外或土质养殖池繁殖，由于个体不同，可持续到6月中旬，但7月上中旬为孵化高峰期。水蛭在产茧前，先从水里游动到岸边，选择松软潮湿的泥土钻入其中，大多在田埂边或池塘边。因此，人工养殖实践中可根据水蛭产茧的习性，构建产茧床。产茧床铺上15厘米以上的松泥土，相对湿度保持在30%~40%(测量方法：用手一捏可成块，轻轻晃动即可散开)，防止产卵期的种蛭或产卵茧后的水蛭干燥死亡。产茧床四周做好排水沟，以利于遇到下雨时排水，然后将孕蛭倒在产茧床上，水蛭在10分钟内全部钻入泥土中，接着水蛭向上方钻成一个斜行的或垂直的孔道，孔道宽约1.5厘米、深5~6厘米，并有2~4个分叉道，水蛭的前端朝上停息在孔道中，环节部分单细胞体分泌一种稀薄的黏液，接着又分泌另一种黏液成为一层卵茧壁，包于环带的周围构成卵茧。卵是从雌性生殖孔中产出，落于茧壁和水蛭身体之间的空腔内，并分泌一种蛋白液于茧内。此后，完成产卵的亲体慢慢向后方蠕动退出，在退出的同时，由前吸盘腺体分泌一种物质而形成栓，塞住茧前后两端的开孔。水蛭从筑茧产出卵茧到封孔退出，大约需要30分钟。水蛭所产卵茧从大到小，从第一个到最后一个，茧形相差很大，总产茧时间为7天左右，每条水蛭全年产卵茧量为4~6个。在种蛭产卵茧期间应保持环境安静，防止种蛭受惊而逃逸。

图8-3 水蛭产卵茧

四、　卵茧的收集与孵化

（一）卵茧的收集

种蛭钻入繁殖床泥土中，一般经1周左右产卵茧。由于种蛭产卵茧不同步，所以不能立即收集卵茧。通常第1次收卵茧时间是自种蛭放到繁殖床后20天左右，第2次时间是自种蛭放到繁殖床后30天左右。收集卵茧操作要细心，用铁锹从繁殖床底部将泥土翻起，小心捡出卵茧放入孵化器中孵化。幼蛭饲养1个月即可移入成蛭养殖池塘内，一般经人工养殖、精心管理，3个月左右即能长成药用水蛭。

（二）卵茧的人工孵化

水蛭产卵茧后经过1周的时间，体质逐步恢复，开始从泥土中爬出，进入水中寻找食物。在自然界中，一般卵茧经过20天时间的孵化，蛭苗即钻出茧外。但由于春季温度变化和阴雨天气的影响，孵化时间也会延长1个月以上，再加上天气变化大，有些卵茧因湿度过大或缺乏水分，孵化不出幼蛭。因此，要注意防止干燥，保持适度湿润，同时严防鼠类等水蛭的天敌。

水蛭在产出卵茧后，卵茧一般可以自然孵化出幼蛭来。但为了提高孵化率，减少天敌的为害，有必要进行人工孵化，从而赢得更多的饲养时间。人工孵化是将卵茧从泥土中取出，收集后进行适当挑选，剔除破茧后，将留下的按大小、茧型和颜色分类，尽量根据大小、老嫩分开。为防止幼蛭逃逸，在孵化容器上加盖1层60目的尼龙筛绢网，最后用塑料布包裹，以防止孵化容器内的水分蒸发。孵化箱可采用装水果的泡沫箱，先将箱底盖上1层2厘米的松土，相对湿度保持在30%~40%，孵化房相对空气湿度保持在70%左右，孵化土的干湿程度直接影响着孵化出苗率。要经常观察孵化箱内泥土的干燥程度，如发现过分干燥，可用喷雾器进行适量加水；但不能过于潮湿，出现明水。随即将卵茧较尖的一端朝上整齐地摆放在松软湿润的孵化土上。然后，在卵茧上面再盖1层1.5~2厘米的松软湿土，松软湿土上放一块保湿棉布或清洗干净的水草以保持孵化土相对湿度在30%~40%，室内温度保持在25℃以上，幼苗孵化需25天左右。通常每个卵茧在1天内即可孵出全部幼苗。

卵茧内幼蛭即将出茧前，可合手捧起卵茧对着光照，可见很多幼蛭在茧内蠕动。如果幼蛭在茧内已变成褐色，表明其即将出茧。每个卵茧可孵化幼蛭25条左右（图8-4）。幼蛭出茧后要及时收集到盛水容器内或暂养池中饲养1个月。

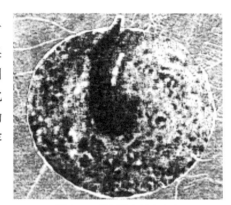

图8-4　幼蛭从卵茧中爬出

第九部分 水蛭的病害防治

一、 水蛭疾病预防与诊断

（一）疾病的预防

　　水蛭生存能力与抗病能力极强，在自然水域极少发生疾病。人工养殖水蛭时如果饲养管理不当，例如：密度过大、投喂的饵料营养差、投喂过多或投饵不足、饵料不新鲜（腐烂变质）、饵料受到严重污染、水源的水质恶化，会使蛭体抗病能力下降；或淤泥有机物过多（会吸收水中大量氧气，同时还会放出硫化氢、沼气等有害气体不利于水蛭生长）、久不换水，水中含氧量低等，都会影响水蛭的生长与生存；养殖池塘消毒、清塘不彻底，滋生大量细菌、病毒和寄生虫，会导致水蛭发病；养殖池中水温突变或水位不稳定，会使水蛭不能适应而易发生疾病；水蛭生长环境受到农药、化肥及盐碱污染，或在养殖过程中操作过于粗暴等因素，也会导致水蛭发生疾病。水蛭发病以后，直接影响其生长速度，甚至引起死亡。

　　人工养殖水蛭，要想高产稳产，重点是预防水蛭疾病。因此要加强饲养管理，按其个体大小分池饲养。为了防止病菌传染疾病，引进种蛭时需经过检验检疫。养殖前，养殖池要按每平方米水体80克用生石灰消毒1次。池内水源不能被化肥、农药及盐碱性溶液污染；保持进水口和出水口通畅，经常换水，保持水质清新。人工养蛭应饲养密度合理，养殖池水温稳定，食物新鲜并及时清除饲料残留物，禁止饲喂腐烂、霉变的饲料，并能做到"四定"（即定位、定质、定量、定时）投喂饲料，同时还应经常巡池，如果发现水蛭行动迟缓、游动时身体不平衡、厌食等表现，应及时将水蛭捕捞出池塘检查处理，单独饲养，防止疾病的发生和蔓延。

（二）水蛭疾病的诊断

水蛭发生疾病，治疗前必须先确诊水蛭患的是何种病，再对症下药，才能取得好的疗效。水蛭疾病常用的诊断方法如下。

1.现场调查　水蛭疾病诊断前要先对病蛭生长环境的水温、水质变化、pH值、溶解氧及饲养管理情况（如饲料质量、饲养密度及投喂情况、气温变化等）进行现场调查，可全面查明病因。仔细观察群蛭和发病个体的症状及表现（如食欲减退、行动迟缓、离群独居、不安、粪便异常等）和用药情况等。找出病因，可为正确治疗水蛭疾病提供可靠的依据。

2.水蛭体检

（1）体表检查：将水蛭放在白搪瓷盘中从体前端至后端检查体表、吸盘、肛门、尾部等处，逐一仔细观察。若蛭体消瘦柔弱、体色发黑、体表黏液脱落、不光滑，体表、背部两侧发炎充血，患处病斑或溃烂形成不规则的小孔，则等为病蛭。

（2）体内检查：解剖病蛭，取出肠道，如发现肠道全部或部分充血，呈紫红色，初诊为肠炎等。肉眼检查有困难时，可用显微镜或解剖镜观察病蛭的病变部位，或用粪便做进一步的检查，并进行综合分析，最后做出诊断即可对症下药。

二、 **水蛭主要疾病的治疗**

（一）变形杆菌感染

本病是水蛭在养殖池中蓄养时，由于管理不善致池中水质恶化，水蛭受到变形杆菌感染而发病。本病常在夏季流行。

【症状】病蛭体表的表皮剥落，呈灰白色，先肛门发红，接着在腹部和体侧也出现红斑，并逐渐变成深红色，以致肠管糜烂。病蛭常悬垂于养殖池的进水口或近池边的水面，不摄食。

【防治方法】加强饲料管理，经常调节水质，保持水质良好。发现病蛭，每立方米水体用1克漂白粉溶液及时全池泼洒消毒，能有效防治本病。

（二）白点病

白点病又称溃疡病、霉病。由原生动物多子小瓜虫引起，大多是水蛭被捕食性水生昆虫或其他天敌咬伤后感染细菌所致。

【症状】病蛭体表有白点疱状物和小白斑块，运动不灵活，游动时身体不平衡，厌食等。

【防治方法】定期用漂白粉消毒池水。发现有水蛭患白点病时，水温及时提高至28℃，并用0.2%食盐水泼洒全池。病重时用2微升/升硝酸汞浸洗病蛭，每次30分钟，每日2次。

（三）肠胃炎

本病是由于水蛭吃了腐败变质或难以消化的食物而引起。

【症状】病蛭食欲减退，行动迟缓，肛门红肿。

【防治方法】将0.4%饵料量的抗生素（如青霉素、链霉素等）添加到饲料中混匀后投喂；将0.4%饵料量的磺胺咪唑或0.2%饵料量的土霉素与饵料混匀后投喂，也可收到较好的疗效。

预防本病要做到平时多喂新鲜饵料，严禁投喂变质饵料，遵循喂养"四定"的原则。

（四）干枯病

本病主要是因外界温度太高，水池岸边环境湿度太低而导致水蛭脱水。

【症状】病蛭出现食欲减退、活动减少或不活动，蛭体发黑、消瘦，失水萎缩，身体干瘪等症状。

【防治方法】采用养殖池上搭棚遮阴，池内多摆放竹片，下面留有空隙，同时要采取加大水流量，促进水温降低，经常洒水保持岸边环境湿度。治疗本病时，将病蛭放入1%食盐水中浸洗5~10分钟，每日1~2次；或投喂拌有酵母片或土霉素的饲料，均有一定的防治效果。

（五）水蛭吸盘或腹部出血

发病原因主要是养殖池中没有适合隐蔽的场所，水蛭长时间吸附在养殖池壁上造成慢性拉伤，或感染病原菌而导致发病。

【症状】病蛭前后吸盘或单个吸盘或身体腹部出现红色出血斑，口腔发炎，吸食困难而导致饥饿，蛭体瘦弱，运动缓慢，不久死亡。

【防治方法】捕捞蛭苗时不能生拉硬拽，动作要轻缓。本病以预防为主，定期用食盐水或者漂白粉消毒水体。病蛭苗用0.1%高锰酸钾溶液浸泡10~15分钟，然后再投放到养殖水体中。同时在养殖水体中隐蔽固定物让病水蛭栖息，使其自行康复。不能康复的病蛭应尽快淘汰或者加工利用。

（六）寄生虫病

一般情况下，水蛭的生命力较强，只要水源足、水质好、不被污染，基本无疾病。引进种蛭苗时需要经过检验检疫，养蛭水体要用生石灰按每平方米水体 80 克消毒 1 次，则水蛭很少发生寄生虫病。水蛭寄生虫病主要是水蛭体腹部或生殖腺出现一种原生动物单房簇虫寄生导致。

【症状】病水蛭腹部出现硬性肿块，肿块有时呈对称性排列。水蛭雄性生殖腺常有单房簇虫寄生，导致贮精囊或精巢肿大。

【防治方法】预防水蛭寄生虫病，应每隔10天将稀释后的敌百虫，以每立方米水体0.2~0.5克全池泼洒。发现水蛭原生动物单房簇虫感染时，及时捕捞出水体，移至塑料大桶内隔离饲养。病情严重而无法康复的病蛭，应及时淘汰或加工处理。

三、　水蛭的敌害防治

　　水蛭视觉不发达，在水中和岸边活动时几乎没有御敌能力，经常遇到天敌食害，尤其是刚孵出的幼蛭全身透明、嫩弱，更容易受到各种鱼类幼苗、蝌蚪、水鸟、鸭、蛇类以及水生昆虫幼虫（如蜻蜓的幼虫）、蚂蚁、水蜈蚣、田鼠等动物食害。

　　防除水蛭天敌的方法主要是：在养蛭前对养殖池塘进行清理，杀灭敌害动物后再投放蛭苗；加强对水蛭的管理，养殖池四周设置防护网，进入养殖池的水要用60目滤网过滤，防止鱼类、水生昆虫等动物入池食害；养殖池上空需用大眼塑料网片遮挡，防止水鸟食害水蛭；蚂蚁主要为害水蛭的卵茧，可在养蛭池防逃网外撒上灭蚁药物毒杀；还要经常巡池查看，随时杀灭侵害的天敌动物。水蛭的天敌主要有鸭、田鼠、蛙类、黄鼠狼、蛇等，可采用微电网防控及工具诱捕。

第十部分　水蛭采收、加工与应用

一、水蛭的采收

　　人工养殖条件下，生长期1年以上的水蛭体重可达20克以上；生长2年以上的水蛭个别可长至50克左右。这样的水蛭肉质肥厚，成品率最高，干品外观极其漂亮，属上等品。

　　采收水蛭一般在11月初越冬之前选择晴天进行。水蛭的采收应根据市场需求进行。根据水蛭的生活习性和不同的水体环境养殖的水蛭，采用不同的捕捞方法。捕捞采收水蛭的原则是捕大留小，未长大的水蛭养至翌年捕捞采收（图10-1），同时选择健壮而个体较大的留作种用。每亩留种15~20千克，集中投放到越冬育种池内越冬，或放入日光

图 10-1　药用活宽体金线蛭

温室进行无休眠养殖。其余的水蛭捕捉后用水洗净，装入容器中加工或炮制成中成药材，满足医药市场需求。捕捞操作时尽量避免水蛭损伤，以免降低其商品药材价值。

（一）池塘养殖水蛭的捕捞

　　池塘养殖水蛭的捕捞方法多采用诱捕法、密网捕捞法和放干池塘水捕捞法。

　　1.搅水振动法诱捕　此法是利用水蛭对水的波动十分敏感的特性，用木棍在水中轻轻搅动，将池塘的水搅浑，水蛭就会从泥土中或

水草间成群游出，聚集后人工用密网兜捕捞，此法简便易行。

2.畜禽血诱捕 将丝瓜络或废棉花絮捆绑在1~2米长竹竿的一端，把畜禽血涂抹上去；也可将干稻、草把扎成两头紧中间松的小捆，浸泡在畜禽血中使其吸透血水，略晾一下，使其凝固，傍晚横放入池中诱集水蛭，约4小时后，水蛭闻到血腥味即会集中在丝瓜络、絮捆或草捆上，将其从池塘或水田中取出，然后再放到干石灰桶里旋转一下，水蛭就会自动掉进桶里。

3.猪肠诱捕 将猪大肠切段，套在木棍上。每隔一段距离在池中插入1根木棍，不久水蛭便吸附到木棍上，将其收集即可。

4.拉网捕捞 用尼龙线编织成拉网网片，网眼为60目。拉网时先排掉养殖池塘中的部分水，然后2~4人分别在池塘两岸拉网。经多次操作，网下则紧贴水底层，捕捞率较高。此法适用于较大面积水蛭养殖池。

5.灯光捕捞 利用水蛭有趋光性的特征，可在晚上用灯光照射水面捕捞水蛭，趁水蛭游向灯下集群时，用细纱抄网捕捞采收。

6.干塘捕捞 捕捞水蛭前先排放养殖池中的部分水，然后用网兜捕捞一部分水蛭，最后将池中水全部排干。采捕人员下池用镊子等工具捕获。此法适用于水泥池养殖的水蛭采收。

7.越冬网捕 夏、秋季用细密网捞取。亦可在水蛭越冬后，10℃以下水蛭停止摄食，钻入土中或石块下冬眠时用网捕捞。方法是先将池水排完，然后用网捞起，选个体大、生长健壮的水蛭留种，每亩留种15~20千克，集中投放到育种池中越冬。

（二）网箱养殖水蛭的捕捞

根据水蛭在网箱中的生长情况和市场行情，采用密网捕捞大的水蛭加工成药材售卖，留下个体小的水蛭在密度较小的网箱中强化饲养，促使其生长达到上市药材的要求。一般于成蛭销售前一天一箱一箱起捕。标准网箱起捕的方法是用2只小船，每船2人，先将网箱内的水生植物捞净，小船进入网箱左右两侧，从网箱一端将网衣提起，边清洗网衣，边收拢网箱，向另一端集中。洗净网箱底部的污物，清除杂物，再用密眼捞网等起捕工具捕捞水蛭，将其放入事先准备了盐水的袋箱，尽量减少对水蛭的应激反应；随捕随干燥加工成蛭药材售卖。水蛭起捕后，需将网箱表面黏附的泥沙、水草洗净，然后消毒，以备再养水蛭。

（三）稻田养殖水蛭的捕捞

稻田养殖水蛭在水稻即将成熟或稻谷收割后进行，一般在11月中下旬起捕。方法是在养殖水蛭的稻田出水口挖一个在排水沟外面布有密网的1米×1米的水坑。捕捞水蛭时，在出水口铺一密网箱以防水蛭随水流走，水蛭随水流进水坑，待水蛭在水坑聚集后，夜间把水慢慢放干，再用密网将水坑中的水蛭全部捕获。如未捕尽水蛭，可再向水坑中不断注水，过1~2天再放水，用密网捕捞，经过2~3天冲水后，绝大多数水蛭可用密网起捕，剩余少量的水蛭留种；如需留养，可用小池暂时围养，待插完晚稻7天后继续放养。为了保证翌年稻田养殖的水蛭种质资源，需要进行保护种蛭越冬。在自然越冬田里密集的水坑中加渠维持18厘米的水位，水坑上面覆盖一层草帘等物，以作种蛭越冬的饲养池，保证蛭种安全越冬。

无论采用网捕还是诱捕，捕捞水蛭时都应注意尽量不使水蛭受伤，以免降低商品药材的价值。

二、水蛭药材的初加工

（一）水蛭的初加工方法

水蛭加工宜选在晴天进行，水蛭的初加工方法很多，可分为贮藏加工和药用加工两大类。

贮藏加工最常见的是干燥加工。干燥加工是水蛭加工中的初加工，使鲜活水蛭便于保存和运输。生产中可视具体情况选用不同的初加工方法。常用加工方法有以下几种。

1.生晒法　将水蛭用清水洗净后再用线绳或铁丝穿起，悬吊在日光下直接暴晒，经4~7天晒干后收存待售。也可用两头细尖的竹签从水蛭尾部插进，将头部翻到尾，拉出头，去净血，晒到八成干时抽出竹签再晒干，便可收存待售。此法加工的干品质量好，但较为烦琐。

2.水烫法　水烫法适合大批量加工。具体操作：把收捕到的水蛭集中到容器中，迅速倒入开水，以淹没水蛭2~3厘水为宜，20分钟左右待水蛭死后捞出洗净、晒干。最好晾晒在纱网上，纱网高出地面40~50厘米，可上下通风晾晒成干品。如发现有水蛭第一次没烫死，要选出再烫一次。此法加工的水蛭为纯清水干品，质量好，售价高。

3.石灰闷法　将水蛭用清水洗干净，装入容器中，放入石灰中20分钟将水蛭闷死，或用石灰水淹死后摊平晒干或烘干。

4.酒闷法　将清洗干净的水蛭放入容器里，倒入高度白酒（一般在50度以上），以能淹没蛭体即可。加盖密封30分钟左右，待水蛭醉死后捞出再用清水洗净、晒干即可。此法加工的干品质量好，但成本较高。

5.碱烧法　将食用碱粉的粉末撒入装有水蛭的容器中，用双手

（戴上长胶皮手套）将水蛭上下左右翻动，并边翻边揉搓，让碱粉的成分能均匀地渗入水蛭，在碱粉的作用下使其失水而逐渐缩小、死亡，最后捞出用清水冲洗干净，晒干即可。此法加工的干品收购时价格低。

6.盐渍法　将水蛭放入容器里，放一层水蛭，撒一层盐，直到容器装满为止，然后将盐渍死的水蛭晒干即可。因干品含盐分，故收购价格稍低一些。因成品含盐会返潮，要注意防潮，最好能及时出售。

7.我国民间采集加工方法

（1）草木灰埋法：将稻草烧成灰，再将清洗后的水蛭埋入稻草灰中，约30分钟后水蛭死亡，再筛去稻草灰，最后用清水洗净并晒晾干即成。

（2）烟丝埋法：取0.5千克烟丝将50千克水蛭埋入烟丝中，约30分钟，待水蛭死亡后再洗净晒干即成。

（二）水蛭加工注意事项

无论采用哪种方法，在加工水蛭时都应注意以下几个方面：

（1）加工时要选择晴天。一般要暴晒4~7天才能晒干。阴天无法晾晒，容易造成腐烂变质。如突然遭遇阴雨天气而无法晾晒，且室内空气中的相对湿度又较大时，则应在室内加温加工，将水蛭放在铁器上用火烘干，但不可烤黄炕煳。

（2）晾晒时最好放在纱网上，悬空晾晒，这样容易晒干，切忌堆放在一起。在一般情况下，4千克活水蛭可加工成1千克干品，一般160条活水蛭即可加工成1千克干品。

晒干后的商品水蛭，应放入粗布袋中，外用塑料袋套住，密封保存，放到干燥处保存，以防吸潮发霉，影响产品质量。

水蛭加工后的干成品，应置于容器中密封放到干燥处保存。

三、水蛭药材的炮制方法

药用加工也叫炮制。采用的炮制方法不同，水蛭的药用价值也不相同。炮制方法一般可以分为以下几种。

（一）炒水蛭

将滑石粉放在铁锅里炒热，加入水蛭段，用文火炒，勤翻动，搅拌到水蛭稍鼓起来并呈黄褐色时取出放到筛盘内，筛出滑石粉，放凉后即为成品。

（二）油制水蛭

取干净水蛭段放入盛有猪油的铁锅内，用文火烧热猪油，炸至焦黄色时取出，沥油，冷却后研成粉末即成。

（三）焙水蛭

取干净水蛭放在烧红的瓦片上，烤焙至淡黄色时取出，冷却后研成粉末即可。

（四）米制水蛭

取干净水蛭和米（每100千克水蛭用50千克米），倒入烧热的铁锅中，用文火加热，炒至米呈黄色时取出，筛出米，晾凉即成。

四、 水蛭干品的贮藏及药材质量鉴别

（一）水蛭干品的贮藏

水蛭干品易吸湿受潮生虫，应装入布袋，外用塑料袋套住密封。若暂时不能出售，可将水蛭干品用纸袋包装好，挂在干燥通风处贮存，既能防止水蛭腐败变质，又能防止虫蛀。常用方法如下。

1.传统贮藏法 传统贮藏法一般多用缸、瓮等器皿，贮藏时可在缸、瓮等器皿的底部放入干燥的可吸湿防潮的石灰，再隔一层透气的隔板或两层滤纸，将水蛭的干品放入，加盖保存即可。缸、瓮口最好密封，防止蛀虫进入啃食。

2.现代贮藏法 现代贮藏法一般采用现代化的手段，配以真空防潮等手段，既可防止水蛭腐败变质，又可防止虫蛀。

（二）品种真伪鉴别

水蛭商品药材分为三种，先将其性状介绍如下，以便于辨别真伪。

1.日本医蛭 日本医蛭的干品较细小，因此称为"小水蛭"。呈扁平长圆柱形，体长2~5厘米，宽0.2~0.5厘米。体多弯曲扭转，全体呈黑棕色，由多数环节构成。

2.宽体金线蛭 宽体金线蛭的干品较宽大，因此称为"宽水蛭"或"水蛭"。呈扁平纺锤形，略曲折，长5~12厘米，最宽处1~2厘米。前吸盘小，后吸盘大，背面黑棕色，腹面黄褐色。全身都有节状环纹。质脆，易折断，味腥臭。

3.柳叶水蛭 柳叶水蛭的干品较细长，因此称为"长条水蛭"。外形狭长而扁（多数在加工时拉成线状），体长5~12厘米，宽0.1~0.5

厘米。体的两端稍细，前吸盘不显著，后吸盘圆大，但两端经过加工后穿有小孔，因此不易辨认。体节明显或不明显，体表凹凸不平，背腹两面均呈黑棕色。质脆，断面不平坦，有土腥气味。

（三）干品水蛭药材质量鉴别

柳叶水蛭的干品水蛭药材质量好坏是出售价格高低的关键。药材成品质量要求是条形完整，呈自然扁平纺锤形，两头小中间大，外表环节明显，褐色或灰褐色，背部稍隆起，腹面平坦，质脆易断；断面呈角质状并且有光泽，有腥味；身干，含水量在2%以下，无杂质和泥土。成品以清水水蛭为最佳（图10-2）。

图 10-2　水蛭干品药材

通常正品水蛭和常见伪劣品鉴别如下：

1.正品水蛭　习称清水水蛭。商品规格有小水蛭、宽水蛭、长条水蛭三种。其共同特征是外观背部有自然的黑色光泽，折断时有韧性感，断面有胶质样光泽，味淡而有鱼腥气，手摸肉质有弹性。

2.伪劣矾水蛭　即加明矾腌渍的水蛭。这种水蛭外观色泽发乌，失去水蛭干品的自然黑色光泽。矾水蛭折断时干脆，口尝之则先涩后麻。由于水蛭入药未见矾制的文献记载，因此，矾制水蛭实为增重牟利，应注意鉴别。

3.盐墨水蛭　即用盐腌渍的水蛭，表面泛有白色的结晶盐，因此不法商贩将其放入墨汁中浸过后晒干。这种伪品只要用拇指和食指搓擦即可见墨色染手，笔者在某药市发现6个摊点经营这种伪品。

4.废水蛭　即提取有效成分后的药渣。由于制药厂家多采用整体提炼水蛭的有效成分，因此水蛭药渣外形完整。部分不法之徒把这种废水蛭拿到市场上出售，这种伪品外观失去水蛭的自然黑色光泽，断面参差不齐如糟糠，体质轻泡。

除了以上几种常见伪劣品之外，还有不法之徒在鲜水蛭中注入石膏和面粉；或趁鲜在水蛭腹腔中插入小段焊条、铁丝及填充水泥、砂石等以增重。望购药者采购时注意鉴别。

五、 水蛭药材的临床应用

水蛭是具有很高药用价值的中药材。我国人民利用水蛭的历史比西方要早将近千年。水蛭作为中药始记于《神农本草经》中，在《神农本草经》中谓其"主逐恶血、瘀血、月闭、破血消积聚"。医圣张仲景取其为重，祛邪扶正，治疗"瘀血"水结之症，显示了其独特的疗效。后世张锡纯赞此药，破瘀血而不伤新血，纯系水之精华生成，于气分丝毫无损，而血瘀蓦然于无形，真良药也。中药以水蛭干燥全体入药。其性平，味咸、苦，有小毒，具有破血、逐瘀、消症散积、消肿解毒、堕胎的功能。主治症瘕积聚、跌打损伤、瘀血、作痛、经闭等症。也有用它缓解动脉痉挛，降低血压和治疗眼疾的。近年来，我国中医用水蛭治疗中风、风湿痹痛、淋闭、肝脾肿大、闭经、截瘫以及心绞痛等，取得了满意的疗效。据化学分析，水蛭的成分主要是蛋白质，并含有17种氨基酸，以谷氨酸、天冬氨酸、亮氨酸、赖氨酸和缬氨酸含量较高。其中有人体必需氨基酸7种，占氨基酸总含量的39%以上。氨基酸总含量占水蛭的49%以上。此外，水蛭还含肝素、抗凝血酶。新鲜水蛭的唾液中含有一种抗凝血物质，名为水蛭素。水蛭素含碳、氢、氮、硫，呈酸性反应，易溶于水、生理盐水及吡啶，不溶于醇、醚、丙醇及苯。在空气中或遇热或在稀酸中均易被破坏。所以干燥生药中水蛭素易被破坏。此外，水蛭还含有人体必需的常量元素钠、钾、钙、镁等，并且含量较高。除了常量元素外，还含有铁、锰、锌、硅、铝等28种微量元素及抗血栓素等。

水蛭素是由65个氨基酸组成的低相对分子质量（7 000）多肽，其中谷氨酰胺和天门冬酰胺的含量较高，而等电点较低（3.8~4.0），在常温下长期稳定。水蛭素是已知有效的天然抗凝素剂，其作用优于肝素，具有抗凝素、溶解血栓的作用，即中医所说的活血化瘀的作用。因此，在处理诸如败血休克、动脉粥样硬化、脑血管梗死、心血管病、高血压及多种缺少抗凝血酶的疾病方面，有着巨大的优越性和广阔的市场前景。还能缓解痉挛，降低血压的黏着力，所以能减轻高血压症状。

随着医学的发展，对水蛭的药理作用研究的不断深入，水蛭的临床应用范围更为广泛，水蛭可治脑血栓、肺心病、肝癌疼痛等症。且中药配伍中水蛭的用量越来越大。有人以水蛭配其他活血解毒药用于治疗肿瘤，受到人们的广泛关注。外科医生把日本医蛭用于放血疗法、清除瘀血、断肢再植等。在古印度，水蛭曾被广泛用来放血，以避免使用外科手术刀。我国民间还用活水蛭吸食脓液或瘀血，协助引流，对痛肿、丹毒等症有一定疗效。现已开发出活血通络胶囊、逐瘀活血胶囊等20多种中成药物。

临床应用的注意事项主要是体弱血虚、孕妇、妇女月经期及有出血倾向的患者禁服，贫血者忌服。应用水蛭治病疗法与药物配伍必须按医生处方为准，需按医嘱应用治疗。

六、 水蛭药膳食疗

（一）水蛭粥

生水蛭30克，生淮山药250克，粳米100克，红糖适量。将水蛭研粉、生淮山药研末备用。粳米洗净，煮粥前将水蛭粉、生淮山药粉一同放入，粥熟后加红糖食用。此粥有破血逐瘀、通经美容的功效。适用于青春期体壮血瘀闭经者。

（二）水蛭丸

水蛭12克、龙眼6个。将水蛭烘干，研成细末，喷白酒，捏成6个小丸。填入去核龙眼内，置冰箱内保存，早晚各吃1个水蛭龙眼，连吃3个月以上，能治愈深静脉血栓和肺栓塞。

第十一部分　人被水蛭咬伤的应急处理方法

水蛭的头部长着一个吸盘，当遇到人畜时就紧紧地吸在其皮肤上，吸盘钻进皮肤吸取血液。由于水蛭同时还分泌一种抗血液凝固的物质，所以血液不会凝固，源源不断地供它贪得无厌地吸吮，因此水蛭被称为"吸血鬼"。水蛭叮咬皮肤一般每次吸足血后会自行脱落。但皮肤伤口还会继续出血。发现水蛭叮咬皮肤吸血时，可在它身上猛地一拍，水蛭会自行蜷缩自然脱落。切忌用手去扯，用力硬拔，而拉断水蛭，水蛭的身体虽然断了，但它头部的颚片被撕脱后仍在皮肤创口内，会引起异物感染。被水蛭叮咬后正确的应急处理方法是将盐水、碘酒、辣椒、烟油等有刺激性的物品滴在水蛭的身上，或用火柴把它的尾部烧下，使水蛭受到刺激后很快蜷曲身体缩小，其吸盘也随之松开而脱落。伤口出血后，用干净的纱布压迫止血1~2分钟，再用盐水冲洗一下伤口，最好用3%硼酸溶液或5%~10%小苏打溶液反复冲洗，并用无菌敷料包扎。伤口出血不止时，可用凡士林纱条填压或涂抹2%~3%的碘酒；严重出血不止的可敷一些云南白药，必要时用绷带包扎，或用盐水棉球加压包扎。如果因皮肤过敏而有发痒的风疹块样红斑，可以涂抹炉甘石洗剂或用0.25%的明矾液来洗擦止痒。

水蛭不仅在人的皮肤上吸血，还常爬到人鼻腔、肛门等处吸血。水蛭爬进鼻腔，有时竟可寄生一段时间，这时人就会经常出现鼻出血、鼻堵塞及头晕等症状。处理方法是：将面部贴在一盆水里，然后从鼻腔里用力向外呼气，水蛭见到水，常常会脱离鼻腔向外爬出，此时，再用一钳子夹住其身，轻轻将它拉出。鼻子里如有出血，可用棉花蘸上1%麻黄素塞入鼻腔，使血管收缩，以达到止血的目的。

第十二部分 发展水蛭养殖业应注意的问题与建议

一、 发展水蛭养殖业应注意的问题

水蛭是一种宝贵的药用资源，随着医药科技的进步，水蛭入药的应用范围越来越广泛，国内外医药市场需求量巨大。由于自然界的水蛭野生生境近些年来遭到化肥、农药的严重污染，加之自然灾害，使野生水蛭资源数量锐减，而医药市场水蛭药材仅靠野外捕捞，已经无法满足需求，造成水蛭药材价格不断攀升，发展人工养殖水蛭业不但能缓解水蛭药材供不应求的矛盾，而且增加养殖经济效益，前景广阔。然而任何投资都有风险，养殖前还要有足够的抗御经济风险的思想准备，然后再着手养殖。发展人工养殖水蛭业应注意以下几方面的问题。

（一）发展水蛭养殖业必须以市场引导生产

养殖者需要事先通过预测医药市场需求、市场动态与销售渠道，来确定养殖规模，把握主动权，保证发展养蛭业立于不败之地，才能获取经济效益，不可盲目或凭主观热情与想象来决策水蛭养殖产业。

（二）水蛭养殖投资可大可小，要量力而行

水蛭养殖是一项新兴的特种养殖产业，过去缺乏这方面的实践经验和技术。因此只有全面了解水蛭养殖的基本知识与技术才能投入生产，对于没有接触过的农户，不能一开始就追求规模。因为对一些水蛭的养殖技术关键点的掌握，也需要一个过程；养蛭规模应从小到大，稳中求进，逐步扩大。此外，要根据自己的资金状况确定投入的大小，才能获得较为理想的经济效益和社会效益。

（三）因地制宜引进蛭种

目前，我国水蛭养殖的主要品种是宽体金线蛭。引种水蛭养殖前，要实地考察具有科技含量的养殖示范基地，慎重选择引种公司，

以免被一些以养殖为名、炒作种源的所谓大型养殖场（公司）所骗。最好在当地水蛭养殖场现有品种的基础上，培育出繁殖率高、长得快的优良水蛭品种。引进蛭种必须严把检疫关，防止暴发传染病。蛭种从外地购买，运输到本地养殖，长途运输不但不经济，而且在长途运输中水蛭会有伤亡；或到目的地养殖，不能适应新的生活环境，必然会导致患病，甚者死亡，造成经济损失。

（四）掌握养殖水蛭新技术

水蛭养殖主要的风险在于是否能将其顺利养大到成品蛭并出售。水蛭在正常的养殖过程中基本不会出现伤亡，但会因人为影响及气候等情况造成伤亡，影响养殖效益。因此，水蛭养殖业的兴起、巩固和发展，必须依靠科学技术。建议准备进行水蛭养殖的农户首先要参加初级养殖技术培训，除掌握科学养殖技术基本功外，还要积极研发水蛭幼苗喜欢而富有营养价值的配合饲料，进行阶段性投喂，促进水蛭生长。另外还要研究高效经济的养殖模式，比如立体养殖模式，可以节省成本；再比如套养模式，可提高经济效益。

只要细心踏实掌握水蛭养殖的主要环节与技术，从事水蛭养殖并不是很难。

二、投资水蛭养殖建议

1.视资金情况量力而为 在资金不足的情况下，不要从事水蛭养殖。何谓足？何谓不足？假如你手中有资金10万元，可以抽出2.2万~2.5万元来投资，另外安排0.5万元处理不可预见的费用，这样即便在水蛭基地遇到暴风骤雨损失这3万元，也不至于让自己山穷水尽，让家庭生活陷入窘迫地步。

2.青年人创业应与家人齐心协力 如果是青年人创业，没有从业经验，手中没有资金，那么就必须取得家人的支持和理解，一定要和家人商量，全家人团结起来做，这样才能有更长远的发展。

3.具备上网条件及接收、处理信息的能力 不具备上网条件和应对突发事件能力者建议不要养殖，信息时代，接收信息、处理信息、理解信息是很重要的投资能力，接收和处理信息失误会导致投资失败。

4.保证水源无污染 当地有污染源的不要从事水蛭养殖，养好水蛭的关键因素是水源，没有良好的生态水源，酸碱不达标，土壤不适合，如果勉强养殖，只会导致投资失败，还不如选择别的投资项目。

5.做好养殖时间计划 养殖水蛭要计划好养殖时间。一般开始着手养殖水蛭，就要做好一年半之后，甚至是两年之后才能见到效益的准备，如果想在水蛭产完卵后就杀掉加工则另当别论。

第十三部分 水蛭养殖致富范例

一、水蛭工厂化养殖模式创业展现曙光

——吴江市明星产业种养殖中心总经理周伟民10年探索

1.起步 俗语说"万事开头难"。在创业之初，一无场地、二无资金、三无技术，白手起家创业充满艰辛与坎坷。筹建水蛭工厂化养殖基地后，走上了发家致富之路。他在近10年的水蛭养殖过程中，经过实践摸索，既有失败的教训，也有成功的经验，还有对未来整个产业发展的规划和设想，包括如何扩大规模、如何寻找更多的市场等把商业机会变成商业效益，除了需要执着精神之外，更多的是敏锐的思维和善于思考的头脑！周伟民抓住了商业机会。他因朋友的一句话去田地、池塘边抓野生水蛭，结果发现早已被农户抓个干净！原因是当时被用来生产药材的活水蛭价格在0.6元/条左右！于是，从2000年开始，他从当地农户手中以0.7元/条的价格收购了几千条水蛭，在自家自留地中挖水塘开始进行水蛭繁殖和摸索。现一个池塘的建设费用大约在5 000元，每条水蛭苗0.1元，2万条为2 000元。这样一个池塘投资2万条活水蛭需7 000元。

水蛭市场效益与风险始终并存，人为能做的是追求高效益下的风险预知与熟练规避！当人们选择一个养殖项目的时候，首先看到的是当前的市场效益，其次才会考虑潜在的风险。

先说效益，从消费市场来看，水蛭药用价值决定了其未来的市场状况。由于近年来，农业大量使用农药、化肥对环境的污染，导致水蛭野生资源锐减，而水蛭的医药用途却不断被发掘，水蛭市场供需矛盾突出。据对全国17个大中药材批发市场调查，每年国内水蛭制药用量需几百万吨干品，出口干品更为紧缺，市场售价年年上升，特别是在1999年，供求矛盾特别突出，清水活水蛭价格是80元/千克。因为那时的水蛭基本来源于自然捕捞，具有"软黄金"之称。从周伟民这几年养殖水蛭的经验来看，水蛭只要养得好就不愁卖。目前，药用动物品种比较多，但适宜农民饲养的品种并没有几个，因为技术不是很好掌握，前期投入比较大，生产周期比较长等。水蛭雌雄同体，但必须异体受精。5～6月产卵茧，每条水蛭全年产6～8个卵茧，每个卵茧可孵化25条幼苗。幼苗采用工厂化养殖一般3个月就能长成成品，上市销售。按目前市场价格，活水蛭的价格近40元/千克。40条活水蛭约为1千克，也就是活水蛭的价格近1元/条。饲养的数量越多，效益就越高。这个养殖项目比较适合农村或返乡创业者：一是不需要太多的土地资源，一般有200平方米的稻田即可；二是生产周期短，3个月之后，在确保不出现大的伤亡的情况下，按活水蛭1元/条计算，可产出2万元。

2.不断摸索关键技术 每一个产业的发展关键性问题还不少。除了需要专家的理论支持以外，还需要很多人的亲身实践。水蛭方面的养殖资料很少，很多技术方面的介绍都是蜻蜓点水，这也让很多人认为水蛭不好养！

实践出真知！就养殖水蛭而言，实践摸索比书本上的理论重要得多，但付出也很多。因为问题不断出现，比如刚孵化出的小苗吃什么，书上说吃猪血、鸭血，周伟民把很多收集来的动物血洒到池塘里，结果池塘几万只水蛭苗"全军覆没"！第一次养殖以失败告终。

后来看到书上介绍水蛭吃螺蛳，他又从菜市场买来螺蛳撒向池塘，结果出现了几个怪现象：一是一少部分水蛭苗长得非常快，部分长得却非常慢；二是水蛭总数量越来越少。其原因是水蛭苗被螺蛳吃掉了。

刚孵化出的水蛭苗进食很困难，必须喂一些它们喜欢吃的东西，否则会在2～3天全部死掉。如果幼苗进食成功，后边的饲喂就较为简单了。经过不断地摸索，周伟民终于配制出幼苗饲料，把青绿饲料同动物性饲料一起搅拌后饲喂，保证成活率。

从水蛭的生长情况来看，最适宜的温度为25℃，且需要温度基本恒定。但8～9月往往是昼夜温差比较大的时候，如果控制不好温度，就会导致水蛭生长缓慢，甚至死亡——这都需要慢慢摸索经验。然而新的问题不断涌现，一个几亩的大塘，放几十万只水蛭苗，如何饲喂？满塘都撒饲料不行，不仅浪费而且污染水质，也不能保证每个水蛭都能吃到这食物，因为水蛭喜欢群居。他摸索出的方法是：改大池塘为一个一个的小池塘，这样的小池塘一能够产卵，二能够育种，三能够精养幼苗，便于对不同阶段的水蛭进行管理。幼苗在一个池子里养，等长到2厘米左右的时候再进行分养，这样既可以确保水体深浅一致，又可以保证水蛭个体大小一致，还便于对每一个水塘里的水蛭的生产数量及大小做到心中有数。

3.合作共赢的产业发展模式　当水蛭的市场需求量越来越大的时候，周伟民开始从闭门养殖转向开放养殖，推出了"企业+养殖分场+养殖户"的经营思路。他跟养殖户签订回收合同，收购鲜活水蛭，统一加工。

目前，他在安徽、浙江、湖南、山东等地选了20个有经济实力的加盟者，建立了养殖分场，一方面带动更多农户有了致富的目标，另一方面也扩大了自己的养殖规模。

上海市金山区亭林镇南星村的 水蛭养殖户周向峰

　　由于水蛭养殖技术有一定难度，一般养殖户大多靠收购野生水蛭，短时间养殖后晒干来卖，收益并不算高。而上海市金山区亭林镇南星村的水蛭养殖户周向峰则不走寻常路，从育苗开始，一点点摸索，在12316"三农"服务热线专家的帮助下终于小有收获。

　　1.踌躇满志养水蛭却落得血本无归　周向峰从事水蛭养殖至今已有5年。让他记忆犹新的是5年前的一个早晨，他在菜市场门口，第一次看到有人收购水蛭，45元500克的价格让他看到了商机。当时，从未接触过任何养殖业的周向峰顿时萌生了人工养殖水蛭的念头。在他的记忆中，水蛭的生命力十分顽强，儿时的他常常和小伙伴在稻田里抓水蛭玩。"这东西拿在手里怎么捏都不会死，摔地上也摔不死。抓一只水蛭，我可以玩上三天。"就凭借着这点滴的认识，周向峰上网简单搜寻了些相关资料，辞去了当时收入不错的工作，把自家的10亩地改造成8亩水蛭塘，跑到外地花了6万多元买了近30万条苗种，踌躇满志地开始了他的水蛭养殖事业。

　　家人在他的鼓动下，也陆续参与进来，他的父亲也为此辞去了工作，日夜看守着这片承载着他们致富梦想的水蛭塘，并按照网上查到的养殖方法，定期给水蛭苗喂食螺蛳。经过6个月的漫长等待，终于盼来了水蛭的上市期。开捕的第一天，周向峰叫来了亲朋好友一起帮忙，还准备了庆功宴来纪念这第一桶金的诞生。由于水蛭大多喜欢躲藏在石缝、泥土中，这6个月来周向峰也没有怎么见到这30万条种苗的踪影，但根据他的估算，每天捕捞500千克，大约捕捞个3天差不多。可那天的"战况"让人都傻了眼，所有人恨不得把池塘翻个底朝天来找寻水蛭，总共也就捞了50多千克。

那个晚上，周向峰彻夜未眠，想了一夜仍想不出来自己的养殖环节哪里出了问题。池塘是封闭的，放下去的30多万条水蛭究竟去了哪里？但不愿意认输的他还是下定决心，明年从头再来。

2.在不断试错中吸取经验 为了降低成本，周向峰将这得来不易的50多千克成品水蛭留种，自学育苗技术。第二年，他再将这辛苦育出的种苗投入养殖。让他惊喜的是，在他误打误撞下，这50多千克种蛭育出的蛭苗数量可观。但随即让他失望的是，蛭苗虽然育成了，但成活率却并不高。通过观察，周向峰发现，水蛭幼苗与它们唯一的食物——螺蛳的个头相比太渺小，很难吃到螺蛳肉。于是，他突发奇想，将螺蛳壳人工开口，帮助水蛭幼苗捕食。饵料的问题解决了，螺蛳的利用率不仅低而且造成了水质污染，让周向峰伤透了脑筋。那一年，他的水蛭养殖虽然没有取得太大的成功，但在他的不断尝试下，也总算是在失败中取得了不少经验。

2012年已经是周向峰养殖水蛭的第三个年头了，前两年收益甚微让家里人都对他失去了信心。父亲没有埋怨他，只是不再帮助他的养殖业，默默外出找了工作。周向峰总觉得上天不会就这样关上所有的门窗，他仍然坚信，只要不放弃，最终会取得成功。

白天，他一有空就会跑去周围的鱼塘虾塘观察什么样的水质适合鱼虾生长。晚上，他则埋头在电脑桌前，翻阅书籍查阅资料。但水蛭养殖属于特种产业，并没有太多有价值的文献资料可供参考。2012年4月，在一次上网查询资料的时候，周向峰看到了12316"三农"服务热线，抱着试试看的心态，他当即拨打了这一热线电话。他清楚地记得，接听电话的工作人员留下了他的信息与疑问，并承诺之后将会有专家与他联系。

3.专家上门提建议 让周向峰意外的是，专家第二天就回了电话，几天后，这位专家还亲自上门为他指导。与周向峰联系的正是水产专家朱选才。在交谈中朱选才了解到，周向峰的水蛭养殖主要存在三个问题：水蛭幼苗没有适口饵料，过多的残饵对水质造成破坏及天敌对水蛭的捕食。

对于如何改良水质，朱选才根据水产养殖的经验，当即提出建议，让周向峰在水蛭塘中增加水草的种植，并适当添加具有改良水质作用的EM菌（益生菌），并建议他增加充氧设备。而对于天敌的防御，朱选才则建议采用网箱养殖的方法来避免天敌捕食。而适口饵料的问题，朱选才一时还没有想到比螺蛳更合适的替代品，他留下了自己的联系方式，表示愿意为周向峰提供力所能及的帮助。

也许是之前的挫折让周向峰变得小心谨慎了，他当时并没有立即采取专家提出的建议。尤其是关于网箱养殖的方法，因为他记得曾在一本相关书籍中看到介绍说，这并不适用于水蛭养殖。

后来，朱选才偶然发现同为水产专家的朋友家中养着一些做实验用的锥实螺。锥实螺外表有点像我们平时吃的黄泥螺，个头小、壳薄的特点让他一下就联想到是否可以用作水蛭幼苗的适口饵料。朱选才马上向朋友索取了一袋锥实螺，第二天一大早就兴冲冲地为周向峰送过去，让他试试看。

朱选才到了后发现周向峰并没有完全采纳自己之前提出的建议，心里不禁有些着急，作为水产专家，他十分清楚水质对于水生物的重要性。于是他找到了金山区水产技术推广站，请技术人员上门为周向峰的水蛭塘测定水质，他们还带来了用于改良水质的白鲢鱼苗以及EM菌。

抱着试一试的心态，周向峰终于采取了专家的建议，在水中添加微生物制剂、增加水草种植量，并放入了小白鲢。2012年，周向峰的水蛭养殖总算小有成绩，但天敌的侵害依然对水蛭的产量影响很大。

2013年，周向峰在朱选才的一再劝说下，开始了水蛭网箱养殖的尝试，并用锥实螺作为部分水蛭幼苗的饵料，均获得了成功。食用锥实螺的水蛭幼苗由于前期营养充分，长得十分结实，保障了后期产量的提高。尝到甜头后，2014年，周向峰在朱选才的指导下，开始全面使用网箱养殖，并将8个池塘按不同标准喂食、添加微生物制剂、水草等，逐步试验最佳养殖方法。

4.规模养殖任重道远　现在，周向峰家的后院被密密麻麻晒成干的水蛭铺满了。周向峰只要打一个电话，收购水蛭的小贩还没有拿到货就已经把钱打到了他的账上，生怕晚了一步水蛭就被别人收走了。

初获成功的周向峰最大的心愿就是可以获得更多的土地用于水蛭养殖，但周边的土地大多都是水稻田，而土地的使用性质一旦确定，镇村两级都表示不便更改。他希望相关部门在这方面能给他一些支持和帮助。

目前，周向峰只是按照水蛭的自然生长规律进行养殖，一年仅收获一茬。若通过技术手段，缩短生长周期，一年收获两茬甚至三茬，水蛭养殖亩产值将会大幅度增加。

附录　全国主要中药材交易市场简介

安徽亳州中药材交易中心

该中心占地400亩，有1 000家中药材经营铺面。内设中药华都投资股份有限公司办公机构、大屏幕报价系统、交易大厅电视监控系统、中华药都信息中心、优质中药材种子种苗销售部、中药材种苗检测中心、中药材饮片精品超市等。

目前中药材日上市量高达6 000吨，上市品种2 600余种，日客流量达5万～6万人，中药材年成交额约100亿元。

地址：安徽省亳州市站前街1号

咨询电话：（0755）81573904

河北安国中药材专业市场

该市场总建筑面积60万平方米，有1 200座商务楼。位于市场中心的中药材交易大厅建筑面积3万平方米，内设固定摊位5 000多个，市场从业人员日均2万人，集市时可达3万人，药业经纪人员5 000多名。

全国30个省、市、自治区在安国都建有药业办事机构。日平均销售中药材500吨，年成交额达50多亿元。每年5月18日是安国传统的药交会和中华药材节，会有我国港、澳、台地区，东南亚地区的相关人士前来参会和洽谈业务。

地址：河北省安国市药华大路111号

咨询电话：（0312）3522568

山东鄄城县舜王城中药材专业市场

该市场占地面积6.6万平方米，可同时容纳固定摊位2 000多个。经营中药材有1 000多个品种，年经销各种中药材50吨，年成交额3亿多元。

全国20多个省、市、自治区及韩国、越南、日本等国家的客商经常来此交易。中药材如牡丹皮、白芍、白芷、板蓝根、草红花、黄芪、半夏、生地黄、天花粉、桔梗等享誉海内外。马鹿茸、土鳖虫、水蛭等也有销售。

地址：山东省鄄城县舜王城中药材市场

咨询电话：（0530）24259001

四川成都市荷花池中药材专业市场

该市场总占地30万平方米，中药材交易区占地近5.4万平方米，共有营业房间、摊位3 500余个。市场经营的中药材品种1 800余种，其中川药1 300余种，年成交量20万吨左右。

成都市荷花池中药材市场内，除了有黄连、柴胡、板蓝根等药材之外，还可以看到许多动物药材的交易，如鹿茸、蜈蚣、水蛭等。

地址：四川省成都市荷花池

咨询电话：（028）66238126

江西樟树中药材专业市场

该市场占地17.1万平方米，其中交易大厅占地6 000平方米。市场内配套建有物业管理、信息、仓储、金融、邮电等服务设施。

目前该市场有16个省市72个县的300余户药商在场内经营。年成交量10万吨，交易额10亿元，辐射全国21个省市和港、澳、台地区，远销东南亚地区。

地址：江西省樟树市药都路3号

咨询电话：（0795）7368513

广西玉林中药材市场

该市场占地面积1.75万平方米，于1998年12月建成并投入使用。

市场与国内24个省、市、自治区建立了经济信息联系，药材购销辐射全国，并与东南亚地区形成购销网络。目前，市场内共有经营户809户，从业人员300多人，经营品种900多种，市场年成交额达5亿元。

地址：广西壮族自治区玉林市中秀路

咨询电话：（0775）3830802

广州市清平中药材专业市场

该市场创建于1979年，年交易额接近20亿元。

经营户来自五湖四海，商品交易活跃，销往全国以及东南亚地区，是滋补性中药材的集散地和进出口贸易口岸。还有水蛭、蛇类等动物药材。

地址：广东省广州市荔湾区六二三路336号

咨询电话：（020）81229833

甘肃省兰州市黄河中药材专业市场

该市场于1994年8月建成。甘肃省是我国四大药材主产区之一，共有中药材1 540余种，野生药材资源丰富，种植药材历史悠久。在地产药材中，岷当归、纹党参、红黄芪、旱半夏、马蹄大黄、甘草、冬虫夏草等中药材产量大、品质优，驰名海内外。其中当归、党参、大黄的年产量分别占全国总产量的90%、30%和40%。

地址：甘肃省兰州市安宁区安宁东路1号

咨询电话：（0931）7752315

湖北省蕲州县中药材市场

蕲州县中草药资源极为丰富，不仅品种较多，而且门类也较齐全，是我国著名的盛产道地药材之乡，历来都被列为重点药材产区之一。1991年，设立了李时珍药材专业市场。

该市场占地面积6.8万平方米，建筑面积1.2万平方米。年销售额近3亿元，经营中药材1 000多个品种，年销售牡丹皮、杜仲、桔梗等地产药材近800吨，形成了种植、加工、销售良性循环，成为长江中下游地区重要的中药材集散地。也有动物药材的销售。

地址：湖北省蕲州县中药材专业市场管理处

咨询电话：（0713）7224024

除以上已列出的药材市场以外，在国内还有一些有一定知名度的药材专业市场，比如河南辉县百泉药材市场、陕西西安万寿路中药材专业市场、重庆解放路药材专业市场、河南禹州中药材专业市场、黑龙江哈尔滨三棵树中药材专业市场、湖南岳阳花板桥中药材市场、广东普宁中药材专业市场、云南昆明菊花园中药材专业市场等。

主要参考文献

［1］樊瑛，丁自勉．药用昆虫．北京：中国农业出版社，2015.

［2］李力，李敏．中药材养殖技术．北京：中国医药科技出版社，2007.

［3］陶雪娟，赵庆华．特种昆虫养殖实用技术．北京：金盾出版社，2013.

［4］李典友，高本刚．药用昆虫高效养殖与药材加工．郑州：河南科学技术出版社，2017.

［5］李才根．水蛭养殖实用技术．北京：中国科学技术出版社，2017.

［6］朱元宏，姚丽萍．上海地区工厂化水蛭养殖技术初探．上海：上海农业科技，2016（6）：72–73.